A SCIENCE AMUSANTE
3ᵉ Série
HF503024
TomTit
100
nouvelles
Expériences
LIBRAIRIE LAROUSSE. PARIS

LA

Science Amusante

(TROISIÈME SÉRIE)

VINGT-NEUVIÈME ÉDITION

TOM TIT

LA
Science Amusante

(TROISIÈME SÉRIE)

100 NOUVELLES EXPÉRIENCES

PARIS. — LIBRAIRIE LAROUSSE

13-17, Rue Montparnasse

Succursale : Rue des Écoles, 58 (Sorbonne)

—

Tous droits réservés

INTRODUCTION

Comme dans les précédents volumes, l'amateur trouvera dans celui-ci des expériences de physique et de mécanique faciles à exécuter, sans dépenses et sans danger, à l'aide d'objets usuels. J'y ai joint un chapitre spécial sur les bulles de savon, ainsi que quelques récréations sur la géométrie.

Une partie importante a été réservée aux petits travaux manuels dont plusieurs, exécutés dans les réunions de patronage des « Bons Jeudis », peuvent être recommandés pour les réunions de jeunesse et les soirées de famille.

J'exprime ici ma plus vive reconnaissance aux nombreux amis, connus ou inconnus, de la *Science Amusante*, ainsi qu'à la Maison Larousse, pour le soin apporté par elle à la publication des trois volumes ; celui-ci, le dernier de la série, sera, je l'espère, accueilli avec la même faveur que ses deux aînés.

Arthur **GOOD**

(TOM TIT)

Paris, le 1er janvier 1906.

LA SCIENCE AMUSANTE

1ʳᵉ PARTIE. — EXPÉRIENCES DE PHYSIQUE

I. — PESANTEUR

Les Bougies de l'arbre de Noël.

A décoration d'un arbre de Noël n'offre pas de
bien grandes difficultés; un peu de goût suffit en
général. Mais il n'en est pas de même en ce qui concerne le mode d'attache des bougies au bout des
branches; fixées avec du fil de fer tordu, elles se pen-
chent mélancoliquement, aspergeant de stéarine les

personnes placées près de l'arbre, et souvent même mettant le feu à une branche voisine.

Aussi a-t-on inventé mille et un systèmes, plus ingénieux les uns que les autres, destinés à fixer les bougies à l'arbre, tout en assurant leur parfaite verticalité.

Vous pouvez leur ajouter le suivant, que je crois simple et pratique. Recourbez un bout de fil de fer (ou une épingle à cheveux, comme l'indique la figure de gauche de notre dessin); la petite branche ascendante verticale sera piquée dans le bas de la bougie et la grande branche descendante dans une de ces noix dorées ou de ces pommes d'api qui font partie de la décoration de tous les arbres de Noël. Vous posez l'arcade de fil de fer à cheval sur la branche, et, quelle que soit son inclinaison, la bougie restera toujours droite, grâce au contrepoids improvisé que vous lui avez fourni (1).

---

(1) Il existe trois états d'équilibre pour un corps reposant sur un point d'appui comme le pendule, la balance, etc.

1° *L'équilibre stable*, qui a lieu lorsque le centre de gravité du corps est plus bas que le point d'appui; c'est le cas de notre exemple des bougies, et des nombreux exemples indiqués dans notre premier volume : *l'assiette sur une aiguille, le crayon debout sur sa pointe, l'œuf sur la bouteille,* etc., et, dans le second volume : *le scieur de long* et *l'oiseau sur la branche.*

2° *L'équilibre instable* est celui du bâton qu'on fait tenir en équilibre debout sur son doigt; ici, le centre de gravité est plus haut que le point d'appui.

3° *L'équilibre est indifférent* lorsque le point d'appui et le centre de gravité se confondent; c'est le cas d'une roue soutenue par son essieu.

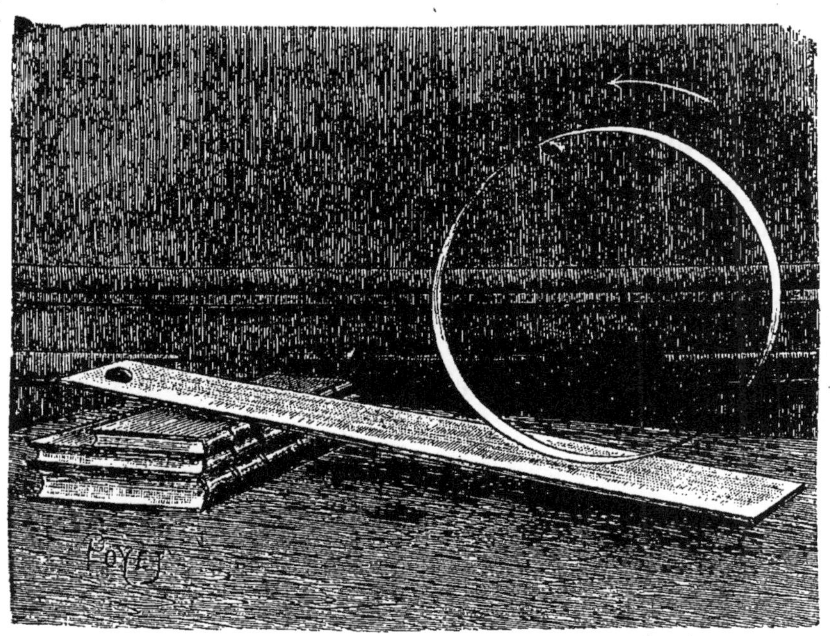

L'Anneau remontant un plan incliné.

Voici un petit appareil qui semble contredire, par son fonctionnement, les lois immuables de la pesanteur; à ce titre, nous pourrons le mettre à côté de celui que nous avons décrit dans un de nos précédents chapitres, et consistant en un double cône qui remonte le long d'un plan incliné (1).

Faites un anneau de papier fort, à l'intérieur duquel vous collerez un petit objet un peu lourd, un bouton de métal, par exemple, ou tout simplement un peu de cire à cacheter. Posez l'anneau verticalement sur un plan

(1) Voir 2ᵉ série, page 15.

incliné, en ayant soin que la masse lourde soit tout près du diamètre vertical, mais en dehors de ce diamètre et du côté le plus élevé du plan. Abandonnez l'anneau à lui-même, et vous le verrez rouler en remontant le plan incliné, par suite de la pesanteur du poids additionnel. Lorsque ce poids sera arrivé au point le plus bas de sa course, l'anneau restera stationnaire. Cette expérience excitera la curiosité du public si, au lieu d'un anneau, vous opérez avec une boîte ronde dont le fond et le couvercle dissimuleront le poids additionnel aux spectateurs.

Le Moteur stéarique.

C'EST un nouveau moteur que je viens vous présenter ici; il ne fonctionne ni à la vapeur, ni à l'électricité, ni à l'air comprimé; il ne comporte ni chaudière, ni cylindre, ni piston, et consiste... en une simple bougie! Vous croyez que je plaisante? Prenez une bougie, et faites vous-même l'expérience.

Piquez, perpendiculairement à la mèche, de part et d'autre de la bougie et en son milieu, les têtes de deux épingles préalablement chauffées; ces deux épingles constituent l'axe de notre moteur, et vous poserez leurs extrémités sur le bord de deux verres.

Si vous allumez les deux bouts de la bougie, ils brûlent, je vous laisse à penser avec quel entrain, et une goutte de stéarine tombe dans l'une des assiettes placées au-dessous pour la recevoir. L'équilibre de notre fléau de balance est rompu, et l'autre bout de la bougie descend, faisant remonter le bout qui vient de perdre la première goutte de stéarine. Mais ce mouvement d'oscillation fait tomber plusieurs gouttes du bout qui vient de descendre et qui devient à son tour le plus léger; il remonte donc tandis que l'autre descend, et le mouvement d'oscillation, d'abord petit, prend une amplitude de plus en plus grande, la bougie, faiblement inclinée, sur l'horizon au début, finissant par avoir une position presque verticale

Rien de plus amusant que d'assister à ce mouvement de bascule désordonné, qui ne s'arrête que si vous soufflez les deux flammes ou lorsque la bougie est entièrement consumée, c'est-à-dire au bout d'une demi-heure. Nos aimables lectrices vont me reprocher de « faire brûler la chandelle par les deux bouts », mais il faut savoir sacrifier quelque chose à la science, et messieurs les fabricants de bougies ne me contrediront pas.

Voulez-vous maintenant utiliser le mouvement de votre bougie pendant qu'elle fonctionne? Vous pouvez la relier, par un fil de fer léger, à de petits personnages en carton découpé et articulés qu'elle animera d'un mouvement de va-et-vient, par exemple des scieurs de long, un sonneur de cloche, etc. Elle fonctionnera comme le balancier d'une machine de Watt, et vous attacherez chaque extrémité à un petit piston se mouvant dans un cylindre vertical; enfin, et plus simplement, fixez sur l'axe (à l'aide d'épingles qui la maintiendront à distance pour éviter le contact des flammes) une bande de carton léger figurant une planche aux extrémités de laquelle vous collerez deux petits personnages qui joueront au jeu de bascule et rendront, pour les petits, l'expérience encore plus attrayante.

Le Libre-Échange.

Vous venez de manger une orange; l'une des demi-sphères creuses, en forme d'écuelle, que vous avez enlevée pour peler l'orange, va vous servir pour exécuter une expérience relative à la super-position de deux liquides, l'eau et le vin par exemple, par ordre de densité.

Percez, à l'aide d'un cure-dents en plume d'oie, deux trous à côté l'un de l'autre, dans le fond de l'écuelle, et placez votre peau d'orange au milieu d'un verre, la partie jaune en dessous. Son diamètre doit être un peu plus grand que celui du verre, et, par suite de son élasticité, elle se maintiendra contre les parois sans tomber. Versez dans la peau d'orange du vin rouge qui passera par les trous, jusqu'à ce que le niveau du vin touche le bas de l'écuelle.

Puis versez de l'eau dans le verre de façon à le remplir presque complètement. Vous voyez aussitôt un filet de vin monter, à travers l'un des trous, jusqu'au niveau de l'eau, tandis que l'eau, plus lourde, passe par l'autre trou pour descendre au fond du verre. Au bout de peu d'instants, au lieu d'avoir le vin au-dessous et l'eau au-dessus de la peau d'orange, l'échange des deux liquides a été complet, et c'est le contraire qui a lieu (1).

Vous pouvez placer deux tuyaux de plumes d'oie ou deux cure-dents dans les deux trous; l'un allant du fond du verre au fond de l'écuelle, l'autre allant du fond de l'écuelle au niveau de son bord supérieur, mais ces deux tuyaux ne sont pas indispensables (2).

(1) Pour que l'équilibre de plusieurs liquides superposés soit stable, ces liquides doivent être superposés par ordre de densités décroissantes de bas en haut.

A rapprocher de cette expérience : *la barrique et la bouteille, l'éruption du Vésuve* et *l'eau changée en vin,* indiquées dans notre 1re série et dans la 2e série : *l'équilibre de cinq liquides superposés* et *la sauce à l'huile pour tous les goûts.*

(2) On peut exécuter l'inverse de cette expérience en mettant l'eau au fond du verre, et, au-dessus de la peau d'orange, un liquide plus lourd que l'eau, par exemple du lait. A la fin de l'expérience, c'est l'eau qui est venue par-dessus et le lait qui est au fond du verre.

Maximum de densité de l'eau.

'EAU offre ce phénomène remarquable que, lorsque sa température s'abaisse, elle ne se contracte que jusqu'à 4°; au-dessous de ce point, quoique le refroidissement continue, non seulement la contraction cesse, mais le liquide se dilate jusqu'au point de la congélation, qui a lieu, nous le savons, à 0°. L'eau possède donc, à la température de 4° centigrades, un maximum de densité, ainsi que l'ont prouvé les remarquables expériences de Hallstrom, de Despretz et de Hope (1).

(1) C'est par cette raison que, lorsqu'on donne, en système métrique, la définition du *gramme*, qui est le poids d'un centimètre cube d'eau distillée, on a soin d'ajouter : *et à la température de 4°*, c'est-à-dire lorsque l'eau a atteint son maximum de densité.

Nous ne possédons pas les appareils délicats de ces savants, et n'avons à notre disposition qu'un œuf vide et un bocal (ou un seau) plein d'eau. Nous opérons en hiver, bien entendu. Voici comment se prépare l'expérience : dans une chambre dont la température est supérieure à 10°, mettons dans le vase plein d'eau notre œuf vide, dont les trous ont été bouchés avec de la cire, et auquel nous avons suspendu, par un crochet en fil de fer, des pièces de monnaie destinées à le lester suffisamment pour que ce lest ne vienne qu'effleurer le fond du vase, et qu'une très faible diminution de poids fasse remonter l'œuf à la surface du liquide. Ce réglage fait avec soin, mettez le vase en plein air, par une bonne gelée. L'eau se refroidit, la température descend graduellement de 10° (température de la chambre) à 4° au-dessus de 0, et sa densité augmente jusqu'à ce point : aussi voyez-vous l'œuf monter graduellement dans le vase, et rester stationnaire tout le temps que l'eau est à 4° exactement (ce que vous pouvez vérifier avec un thermomètre). L'eau a alors atteint son maximum de densité.

Laissez encore descendre la température de l'eau jusqu'à 0° par exemple, en maintenant le vase dehors ; la densité de l'eau diminue et *l'œuf descend au fond*.

Rentrez le vase dans la chambre ; vous verrez l'œuf remonter jusqu'au moment où la température de l'eau aura atteint 4° au-dessus de 0, et où l'eau aura atteint de nouveau son maximum de densité, puis, la température du liquide continuant à s'élever, vous voyez l'œuf redescendre au fond du vase, comme au début de l'expérience.

En résumé, vous avez constaté que, soit dans l'eau

se refroidissant de 10° à 4°, soit dans l'eau s'échauffant
de 0° à 4°, l'œuf monte par suite de l'augmentation de
densité de l'eau, et que, dans l'eau ayant exactement
4°, l'œuf reste stationnaire.

Si nous n'opérions pas en hiver, nous abaisserions
facilement la température de l'eau, au degré voulu, à
l'aide d'un morceau de glace.

Enlever une assiette avec un radis.

LE TIRE-PAVÉ. — LA VENTOUSE.

E tire-pavé est, vous le savez, une rondelle de cuir traversée en son centre par une ficelle terminée par un nœud qui bouche exactement le trou, et que vous appliquez, bien humide, sur un pavé en la pressant fortement de façon à chasser tout l'air existant entre le pavé et la rondelle. Si vous tirez verticalement sur la ficelle, vous constatez que le cuir adhère au pavé par suite de la pression atmosphérique ; il est facile de soulever ainsi un pavé très lourd ; de là le nom de l'appareil. A table vous pouvez confectionner, à l'aide d'un modeste radis, un petit tire-pavé fonctionnant parfaitement. Coupez en travers le radis, évidez légèrement l'intérieur dans la partie située du côté de la queue effilée. Frottez-le sur votre assiette en y appliquant exactement cette partie qui forme ventouse (l'humidité naturelle du radis dispense de le mouiller auparavant), puis tirez verticalement sur la queue du radis; vous enlèverez en même temps votre assiette, comme si les deux corps étaient fortement collés ensemble (1).

----

(1) Voir, 1ʳᵉ série : *La pression atmosphérique, le pendule émouvant, le verre enlevé avec la main ouverte, l'ascension d'un verre de lampe, la banane qui se pèle toute seule, la revanche des Danaïdes, le jet d'eau dans le vide, l'ascension d'une cruche d'eau.*

Voir à la 2ᵉ série, la note page 44, sur la mesure de la pression atmosphérique par centimétre carré.

Faire bouillir de l'eau froide à la chaleur
de la main.

PRENEZ un verre à boire sans pied, remplissez-le d'eau aux trois quarts, couvrez-le d'un mouchoir en forte toile, dont vous rabattez les bords tout autour, le milieu du mouchoir pénétrant dans le verre de façon à atteindre la surface du liquide. Appliquez fortement la main gauche sur l'ouverture du verre, et retournez-le de la main droite qui le maintiendra en l'air ; les bords du mouchoir seront maintenus dans la main droite, et au-dessus d'une cuvette, pour éviter tout accident. En ôtant votre main gauche, vous constatez non seulement qu'aucune goutte du liquide ne tombe, mais encore que, par l'effet de la pression atmosphérique, le mouchoir conserve sa forme concave à l'intérieur du verre, ainsi que le montre la figure 1 de notre dessin. Si maintenant vous tirez sur les bords du mouchoir, de façon à tendre fortement la toile sur l'ouverture du verre, le liquide reprendra alors sa position horizontale, mais le vide se formera entre ce liquide et le fond du verre, comme le montre la figure n° 2. Or comme disaient les anciens, *la nature a horreur du vide;* l'air extérieur se précipite à travers le mouchoir et le liquide, sous forme de bulles qui agitent l'eau pour venir crever à sa surface dans l'intérieur du verre, exactement comme le font les bulles de vapeur dans de l'eau bouillante. L'opérateur sentira les soubresauts imprimés à sa main par cette rentrée des bulles d'air, et les spectateurs entendront distinctement le bouillonnement tumultueux du liquide. Vous pourrez présenter cette expérience d'une façon amusante en annonçant que vous faites bouillir de l'eau froide par la seule chaleur de votre main.

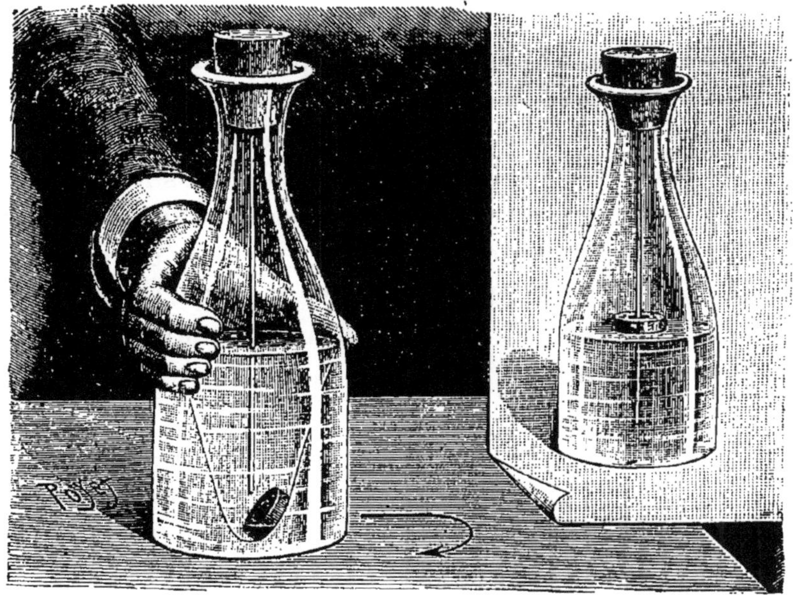

Un Cyclone dans une carafe.

ON vous donne une carafe à moitié pleine d'eau, bouchée par un bouchon sous lequel est piquée l'extrémité d'une tige de fil de fer ou d'une aiguille à tricoter; l'autre extrémité de la tige trempe dans l'eau et arrive à 5 centimètres environ du fond de la carafe. Un bouchon à moutarde, percé en son centre d'un très large trou circulaire, flotte sur le liquide, et la tige de fer passe par ce trou (voir la figure de droite du dessin).

On vous demande de faire sortir de la tige le bouchon qui flotte, et cela sans toucher au bouchon qui ferme la carafe.

La figure de gauche de notre dessin vous indique la solution : faites tourner vigoureusement la carafe en lui faisant décrire sur la table quatre ou cinq cercles, puis abandonnez la carafe à elle-même. Vous constatez que, par l'effet de la force centrifuge, le niveau du liquide cesse d'être horizontal et se creuse en un cône dont le sommet se trouve tout près du fond de la carafe. Le bouchon descend avec l'eau, le long de la tige, et s'en échappe dès qu'il est arrivé à la partie inférieure. Nous avons ainsi en petit l'image d'un navire aux prises avec un cyclone.

L'Œuf toupie. — L'Œuf sabot.

Prenez un œuf dur, et placez-le sur une assiette en maintenant son grand axe vertical au moyen de l'extrémité de l'index, appuyé légèrement contre la pointe.

Si vous avez au préalable enroulé quelques tours de ficelle autour de cet œuf et vers son milieu, et que vous tiriez subitement la ficelle, vous imprimez à l'œuf dur un mouvement de rotation analogue à celui d'une toupie, et vous le verrez tourner assez longtemps sur sa pointe dans le creux de l'assiette. Voici une façon nouvelle de faire tenir un œuf sur sa pointe; vous pourrez l'ajouter à celles que nous avons déjà publiées.

Au lieu d'un œuf tournant tranquillement à la même placé, vous pouvez avoir l'œuf sabot qui voyage à travers la chambre sous les coups d'un fouet en ficelle ou mieux en peau d'anguille. Mais ici, comme la coquille de votre œuf ne résisterait pas aux chocs inévitables, je conseille d'employer l'œuf en bois bien connu qui sert pour le raccommodage des bas, et qui voltigera rapidement à travers la chambre si vous le cinglez d'une main ferme (1).

____

(1) A rapprocher de cette expérience celle de *l'œuf valseur*, décrite dans la *Science Amusante* (1ʳᵉ série), page 95.

Un Chapeau de ouate dans un verre d'alcool.

Présentez au public un verre plein d'alcool et un chapeau haut de forme rempli d'ouate que vous aurez préalablement bien étirée entre vos doigts de manière à lui faire occuper le plus grand volume possible. Annoncez que vous allez faire entrer toute la ouate du chapeau dans le verre d'alcool sans qu'une goutte de liquide en déborde.

Il suffit, pour cela, de prendre la ouate par petits flocons et de l'introduire dans le liquide, dont elle s'imbibe rapidement. Tassez-la progressivement au fond du verre, et, à la grande surprise des spectateurs, vous exécuterez jusqu'au bout, sans faire déborder le verre, l'expérience annoncée, que vous pourrez appeler : *un chapeau de ouate dans un verre d'alcool*. Cette faculté d'absorption de la ouate pour l'alcool a été utilisée pour la fabrication de réchauds à esprit-de-vin qui peuvent être renversés sans laisser échapper une seule goutte de leur liquide. On évite ainsi toutes chances de brûlures ou d'incendie.

**Tremper un papier blanc dans l'encre,
sans le noircir.**

Vous opérez avec un encrier de grandes dimensions et à large ouverture.

Après avoir roulé une feuille de papier blanc en forme de cylindre, vous la plongez dans l'encrier et la retirez ensuite couverte d'encre. Vous posez sur une assiette le morceau ainsi taché, qui prouve que l'encrier est bien plein d'encre noire. Pour remplacer l'encre enlevée par ce papier et remplir l'encrier de nouveau, vous prenez la bouteille d'encre qui est sur la table et en versez le contenu dans votre encrier.

Il s'agit maintenant de tremper dans l'encre une feuille de papier semblable à la précédente, mais de la retirer aussi blanche après l'expérience qu'elle l'était avant. Et, prenant la feuille comme le fait l'opérateur sur notre dessin, vous la plongez bravement dans l'encrier, d'où elle ressort immaculée, au grand ébahissement des spectateurs. Il y a là, bien entendu, une petite supercherie que je vais vous dévoiler ici. L'encrier contient bien de l'encre, mais la bouteille n'en contient pas. C'est une ancienne bouteille d'encre, bien sèche à l'intérieur, dans laquelle vous avez introduit en secret de la colophane finement pulvérisée.

En feignant de verser de l'encre dans l'encrier, vous saupoudrez de colophane la surface de l'encre, et dès lors vous pouvez y introduire sans crainte la feuille de papier à laquelle la colophane forme un enduit protecteur, non mouillé par le noir liquide.

En retirant le papier, donnez-lui une petite secousse qui fera retomber la poudre dans l'encrier, et, si vous avez opéré habilement, personne ne soupçonnera la ruse que vous avez employée.

Nos lecteurs pourront rapprocher de cette expérience celle que nous avons publiée sur la *manière de tremper sa main dans l'eau sans la mouiller*, et qui est basée sur le même principe scientifique.

____

(1) Voir 1re série, page 121.

Force de la tension superficielle d'un liquide.

AILLEZ dans du carton un long rectangle, relié, par un de ses petits côtés, à un cercle, et repliez-le deux fois à angle droit en forme de truelle, d'abord à sa jonction avec le cercle, puis, en sens inverse, à $0^m,05$ plus haut. Vous pouvez renforcer la pièce au moyen d'une seconde bande de carton collée avec de la cire sous les deux plis de la première, et repliée comme elle. Posez votre appareil en équilibre sur le bord d'un verre vide, en l'avançant ou le reculant, de façon que le rectangle fasse si exactement contrepoids au cercle qu'un petit objet, si léger qu'il soit, posé à l'extrémité du rectangle situé en dehors du verre, suffise pour faire basculer l'appareil à l'extérieur.

L'équilibre ainsi établi, versez de l'eau dans le verre jusqu'à ce que le cercle de carton touche le liquide.

Vous pouvez alors mettre une ou plusieurs pièces de monnaie à l'extrémité du rectangle sans que le disque de carton quitte le liquide, contre lequel il reste appliqué par une force mystérieuse, et vous serez surpris du nombre de pièces qu'il vous faudra placer pour le décider à s'en détacher.

Cette force n'est autre que la cohésion, que l'on étudie, dans les cabinets de physique, à l'aide d'un grand nombre d'appareils. Aucun, croyons-nous, n'est aussi simple que celui que nous vous signalons aujourd'hui.

La Spirale tournante.

ABRIQUEZ, avec du fil de fer très mince, une petite spirale que vous enduirez légèrement d'huile, afin de lui permettre de flotter sur l'eau.

Puis prenez un peu d'eau de savon dans un tube de paille qui fonctionnera comme un compte-gouttes selon que vous boucherez avec l'index ou que vous débou- cherez l'orifice supérieur de ce tube. Faites tomber une goutte d'eau de savon au centre de la spirale, comme vous le montre notre dessin, et la spirale fera plusieurs tours sur elle-même, dans le sens indiqué par la flèche.

Lorsque son mouvement de rotation aura cessé, faites tomber à la même place une autre goutte d'eau de savon, et la spirale tournera de nouveau.

Sans entrer ici dans la théorie de ce phénomène, disons simplement qu'il est dû à ce que nous avons modifié, à l'aide de la goutte d'eau de savon, une force qu'on appelle la *tension superficielle* et qui existe à la surface de l'eau. (1)

De l'alcool, du rhum, de l'essence à brûler et bien d'autres liquides de ce genre, peuvent être employés à la place d'eau de savon; si nous avons choisi cette dernière, c'est que nous opérons avec une cuvette, et que le savon n'en est pas loin.

------

(1) A rapprocher de cette expérience celles de la 1re série : *faire nager sur l'eau un poisson en papier* et *les figures magiques.*

Les Valseurs infatigables.

ENFONCEZ en croix deux fines aiguilles à coudre dans une petite rondelle de bouchon; à chaque extrémité des aiguilles, piquez une petite plaque de liège verticale, puis collez sur chaque plaque, et toujours du même côté, une petite palette de camphre. Le dessin en plan ci-contre vous donne les dimensions exactes de l'appareil ainsi construit. Si vous posez l'appareil sur l'eau, *il se met à tourner rapidement, de lui-même, et pendant plusieurs jours !*

Voilà un résultat merveilleux obtenu par des moyens très simples, mais, pour réussir, il faut que ni le tourniquet ni la surface de l'eau ne soient touchés avec une trace, si faible qu'elle soit, de corps gras.

Il faut donc bien se laver les mains quand on veut faire un appareil, et, si l'on craignait que les doigts l'eussent graissé, il faudrait le laver à l'éther en le tenant avec une pince, et le poser ainsi sur l'eau d'une assiette *neuve* ou *très bien lavée*.

Le camphre se colle avec un peu de cire à cacheter ; on met un peu de cire fondue sur le liège, puis on la ramollit à la flamme d'une bougie, et, avec une pince, on applique aussitôt la lame de camphre.

Vous pouvez agrémenter cette curieuse expérience en collant verticalement sur une aiguille piquée au milieu de la rondelle un couple de valseurs découpés dans du papier léger. Si l'appareil est construit en suivant les précautions que je viens d'indiquer, vous verrez vos valseurs infatigables tourner pendant trois jours !

Les Gouttes roulantes.

Au moment où l'on va demander à l'alcool des millions nouveaux en faveur du vin, je crois intéressant d'indiquer comment, tout en dégustant une liqueur de table, nous pourrons, sans aucun ustensile de laboratoire, sans un seul produit chimique, mesurer combien cette liqueur (chartreuse, curaçao, anisette, kirsch, etc.) contient de centièmes du précieux liquide.

Notre matériel d'analyse consiste en un verre à bordeaux, un petit verre à liqueur, un tube de paille, ou, à son défaut, une cuiller à café. Vous voyez qu'il n'est pas bien compliqué. Exerçons-nous d'abord à faire rouler la liqueur en gouttes sur elle-même, en laissant tomber les gouttes de 1^{mm} de haut sur la petite pente liquide qui grimpe aux parois du verre et que les physiciens appellent un ménisque concave (voir le détail au coin de notre dessin). Quand vous aurez constaté que les gouttes d'un liquide, la chartreuse par exemple, roulent toujours sur ce même liquide avant de faire le plongeon, vous procéderez de la façon suivante :

Diluez votre chartreuse avec de l'eau, jusqu'à ce que vous ne puissiez plus la faire rouler en gouttes sur elle-même. *Le volume ainsi obtenu vous donne la richesse cherchée.* Je m'explique :

Versez préalablement dans le verre à bordeaux deux petits verres de liqueur, et commencez votre analyse :

1° Ajoutez un petit verre d'eau; mélangez; vous avez : $2 + 1 = 3$.

Si les gouttes roulantes persistent, la liqueur contient plus de 30 pour 100 d'alcool.

2° Ajoutez un deuxième petit verre d'eau, vous avez : $2 + 2 = 4$.

Si les gouttes roulent encore, la liqueur contient plus de 40 pour 100.

3° Ajoutez un troisième petit verre d'eau, vous avez : $2 + 3 = 5$.

Si les gouttes plongent sans rouler, la liqueur contient entre 40 et 50 pour 100.

Nous pourrions pousser plus loin, mais c'est le principe de la méthode que je désirais exposer ici; elle est le point de départ d'une nouvelle branche de la science, l'homéotropie (roulement d'un liquide sur lui-même), créée par M. le professeur Gossart, de la Faculté de Caen, et qui permet de doser en quelques minutes, entre la poire et le fromage, l'alcool d'une boisson quelconque à 1/1000 près !

Quant au résidu de notre analyse, nous l'absorberons sous forme d'un excellent grog (à 20 pour 100 d'alcool), avantage qui n'est pas commun dans les laboratoires.

IV. — ELASTICITE

Le Duel impossible.

SUSPENDEZ à deux fils accrochés l'un près de l'autre deux objets pesants, par exemple une pomme et une poire; si vous soulevez la pomme en maintenant le fil tendu et que vous l'abandonniez à elle-même, elle oscillera comme un pendule, mais, arrivée au bas de sa course, elle choquera la poire et sera brusquement arrêtée dans son mouvement. En vertu du principe de l'inertie, ce mouvement se communique à la poire et celle-ci oscille à son tour comme un pendule, puis retombe contre la pomme qui se meut à son tour, et ainsi de suite jusqu'à ce que le mouvement s'éteigne peu à peu par suite des frottements et de la résistance de l'air. Voici la manière de transformer en un jouet cet appareil scientifique :

Recourbez en équerre un fil de fer un peu fort, tordez-le en œillet à l'angle droit ainsi formé et accrochez cet œillet à un clou planté contre le rebord d'une table ou d'une planche. Piquez dans la pomme la branche inférieure de l'équerre et repliez l'autre branche, comme le montre notre dessin, de façon à le dissimuler derrière le corps d'un petit duelliste en carton découpé, contre lequel elle est collée par de la cire. Le duelliste suivra ainsi les mouvements d'oscillation intermittents de la poire. Accrochez de même une équerre semblable, mais inversement placée, à un clou voisin du précédent. Sa branche inférieure sera piquée dans la poire, la branche supérieure sera collée contre un duelliste en carton faisant face au précédent.

Donnez l'impulsion à la pomme, puis regardez l'effet produit : les deux adversaires fondent alternativement l'un sur l'autre avec furie, mais sans pouvoir jamais s'atteindre.

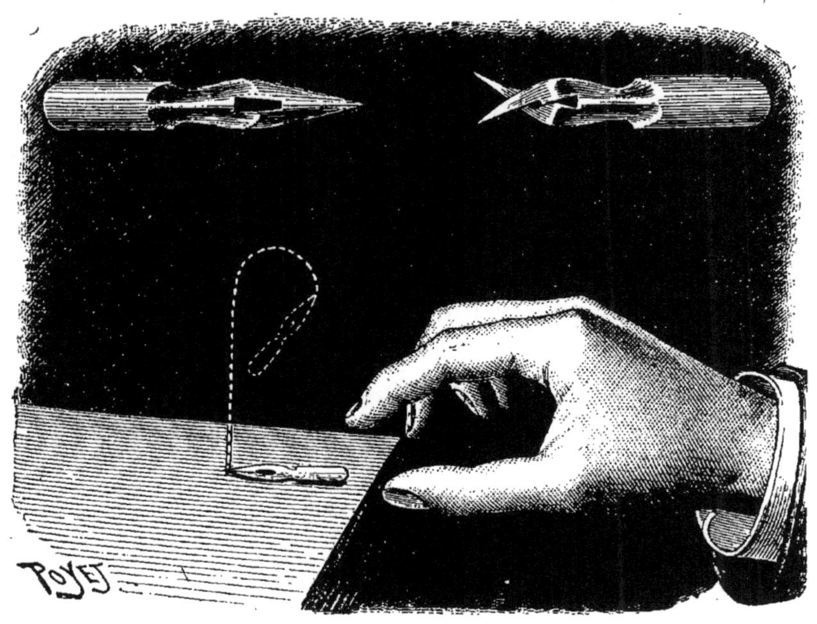

La Plume sauteuse.

UNE plume d'acier, neuve ou vieille, voilà tout le matériel nécessaire pour exécuter cette expérience. Choisissez une plume métallique un peu plate, par exemple la plume-lance représentée sur notre dessin. Croisez les becs fortement en appuyant le dos de la pointe sur une table jusqu'à ce que les becs restent croisés.

En appuyant ces becs sur l'ongle en sens inverse, ramenez la plume à sa forme normale; ces préparatifs ont été faits en secret, et vous montrez à vos amis la plume qui ne présente rien d'extraordinaire. Annoncez que, en posant verticalement la plume sur la table, la pointe en l'air, et en la laissant tomber simplement de sa hauteur sur cette table, la plume va sauter en l'air à 50 ou 60 centimètres de hauteur.

Voilà qui va rencontrer bien des incrédules, et cependant rien n'est plus simple. Les becs qui ont été courbés, puis remis en place, ne demandent qu'à se croiser de nouveau ; le petit choc de la plume tombant sur la table suffit à provoquer ce mouvement, et l'un des becs, passant brusquement sous l'autre comme un ressort qui se détend, fait sauter la plume à la hauteur que vous avez indiquée.

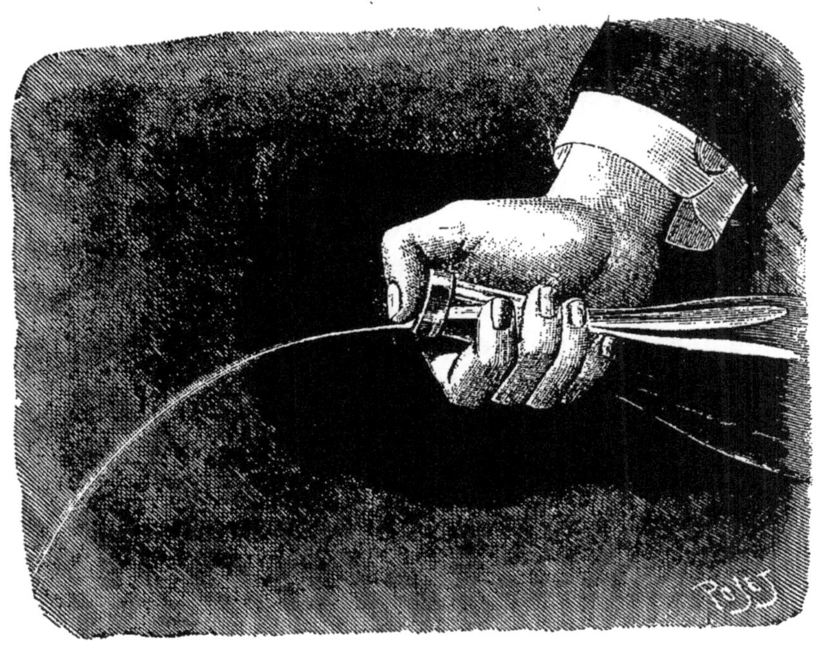

Compressibilité de l'air.

ES gaz sont compressibles, l'air en particulier. Voici, ajoutée à tant d'autres, une expérience bien simple qui nous le démontre :

Présentez au public une bouteille à moitié pleine d'eau ; vous tenez le col dans la main droite, en bouchant, avec l'extrémité du pouce, l'orifice du goulot. A un moment donné, vous faites glisser légèrement le pouce pour découvrir une petite portion de cet orifice ; un mince filet d'eau s'échappe aussitôt à une très grande distance de la bouteille, vous pourrez même le diriger, pour égayer l'assistance, sur un spectateur connu pour avoir bon caractère, et qui ne se fâchera pas de cette petite plaisanterie scientifique.

Toute la préparation consiste à souffler vigoureusement et à plusieurs reprises dans la bouteille, en bouchant soigneusement l'ouverture avec le pouce chaque fois que vous voulez reprendre votre souffle. L'air se comprime de plus en plus et exerce par conséquent une pression de plus en plus forte au-dessus du liquide, et ce dernier est violemment chassé de la bouteille dès que vous lui livrez passage.

(1) Au lieu de fermer la bouteille avec le doigt, vous pouvez la boucher avec un bouchon percé d'un trou par lequel passe un mince tuyau de paille plongeant dans le liquide. Soufflez par ce tube, de façon à comprimer l'air qui est au-dessus du niveau de l'eau, et vous verrez un petit jet d'eau jaillir par le tuyau de paille.

La Bougie et l'Entonnoir.

Nous avons déjà indiqué bien des façons originales de souffler (ou de ne pas souffler) une bougie allumée (1). Aussi ne parlerions-nous pas de celle-ci si elle ne constituait un jeu de société capable d'amuser la jeunesse dans une soirée de famille, contrairement à l'axiome du jeu de dames : souffler n'est pas jouer.

Promettez un prix à celui des jeunes spectateurs qui réussira à éteindre une bougie allumée en soufflant

---

(1) Voir la *Science Amusante* (2° série), page 89.

dessus par la pointe d'un cornet de papier un peu évasé
et percé d'un trou à son extrémité pointue, ou mieux
d'un entonnoir ordinaire. Ceux qui ne connaissent
pas cette expérience s'évertuent à souffler en plaçant
le tube horizontalement et bien en face de la flamme;
celle-ci ne vacille même pas, laissant s'époumonner
l'amateur. Voici, en effet, ce qui se passe : les filets
d'air qui sortent de la bouche du souffleur se dis-
persent autour de la partie conique de l'entonnoir, dès
qu'ils sont sortis du tube, et s'échappent sur le pourtour
de la base du cône; c'est donc là qu'il faut aller les
chercher. Aussi, pour éteindre la bougie, suffit-il de
baisser légèrement l'entonnoir de façon à ce que la
flamme se trouve près du bord circulaire; soufflez alors,
et vous réussirez infailliblement.

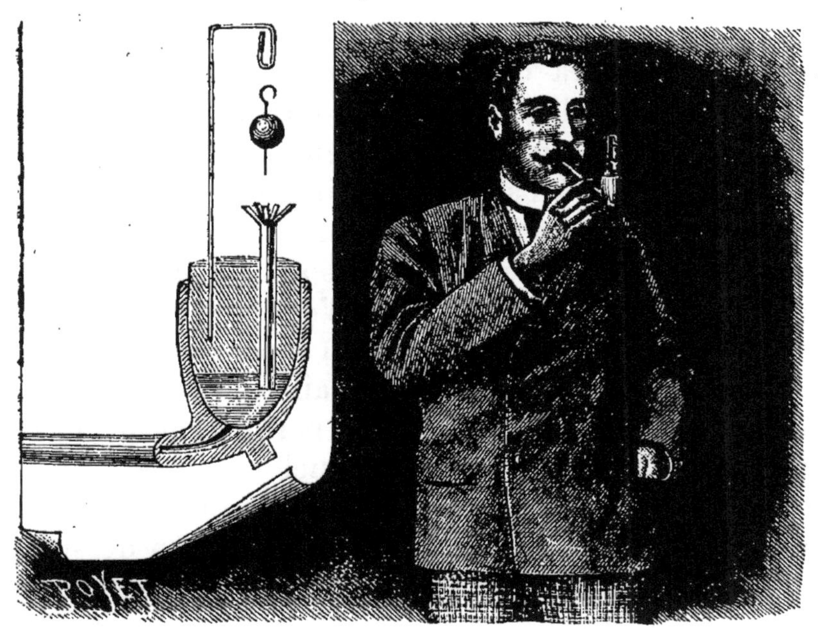

Le Pendu.

Dans ce jeu, récemment importé d'Angleterre, il s'agit de pendre Jack l'Éventreur, représenté par une petite boule de liège traversée par un fil de fer, dont l'un des bouts est recourbé en forme de crochet.

La boule est posée sur l'orifice d'un tuyau vertical et soulevée par un jet d'air que l'on insuffle dans ce tuyau. Elle monte et descend, en faisant les pirouettes les plus drôles, selon qu'on augmente ou qu'on modère la force du souffle, et finalement se suspend par son crochet à une boucle de fil de fer maintenue au-dessus du tuyau par une petite potence.

Ce jeu peut prêter à des concours d'adresse, dans lesquels on verra quel est l'amateur qui arrivera à pendre Jack le plus rapidement, ou à le pendre le plus grand nombre de fois dans un temps donné.

Vous pourrez, à l'aide d'une simple pipe, improviser en peu de temps un jeu analogue.

Bouchez le fourneau de la pipe avec une rondelle de liège taillée dans un bouchon. Vous aurez percé cette rondelle, vers son bord, d'un trou rond, par lequel vous ferez passer un petit tuyau de paille portant à sa partie supérieure quelques entailles permettant de l'évaser en forme d'entonnoir, et sur lequel reposera la boule. Dans le bouchon, vous piquerez verticalement un bout de fil de fer que vous replierez en boucle au-dessus du tuyau de paille, ce sera la potence; le bas de la boucle ne devra pas être à plus de 8 ou 10 centimètres du bord supérieur du tube, si vous désirez ne pas vous fatiguer en soufflant trop fort.

La petite balle de liège se taille dans un bouchon; vous la polissez en la frottant sur une lime fine; son diamètre, une fois qu'elle sera terminée, sera d'environ 1 centimètre. Traversez-la alors de part en part par un fil de fer très fin, se terminant en crochet ouvert, à l'une de ses extrémités; l'autre extrémité dépassera la boule de l'autre côté afin de faire contrepoids au crochet; la boule étant enlevée par le souffle, le fil de fer restera alors à peu près vertical, le crochet en haut.

Enfin si la pipe est une pipe en terre, voici une petite recommandation destinée à mes confrères les papas :

chauffez à la flamme d'une bougie le bout du tuyau sur
une longueur d'environ 5 centimètres, et enduisez ce
bout. avec une couche de cire à cacheter qui empê-
chera le contact de la terre de pipe avec la peau des
lèvres, si délicate chez les enfants.

Dilatation linéaire des corps solides.

ous savons que tous les corps solides, liquides ou gazeux, se dilatent sous l'action de la chaleur. Il nous est facile de le démontrer, pour une tige de métal, au moyen du petit appareil suivant que chacun pourra construire.

Passez la tige (une tringle à rideau, par exemple), à travers une rondelle de bouchon, que vous ferez glisser jusqu'au milieu de cette tige, enfoncez deux épingles parallèlement à l'axe de la rondelle, et de part et d'autre de la tige, puis posez leurs pointes sur le pied d'un verre renversé. Vous aurez ainsi le fléau d'une balance, et, pour rendre l'équilibre stable, vous abaisserez le centre de gravité du système en enfonçant chaque extrémité de la tringle dans un bouchon au bas duquel vous piquerez une certaine quantité de clous, se faisant exactement équilibre. Vous aurez ainsi une balance d'une extrême sensibilité, dont les deux pointes des épingles représenteront le couteau.

Lorsque, après quelques tâtonnements, vous verrez la tringle se maintenir horizontale, chauffez l'un des côtés de la tringle à l'aide d'une lampe à l'esprit-de-vin ou d'une bougie ; il est impossible à l'œil de voir l'allongement de ce bras du fléau, mais vous le constatez aussitôt en voyant la balance osciller et pencher du côté de la tige que vous avez chauffé et qui est devenu plus long que l'autre, ce qui démontre bien que cette portion de la tige s'est allongée sous l'influence de la chaleur.

---

(1) On nomme *coefficient de dilatation linéaire* l'allongement que prend l'unité de longueur d'un corps lorsque la température s'élève de $0°$ à $1°$, et *coefficient de dilatation cubique* l'accroissement que prend, dans le même cas, l'unité de volume.

Pour un même corps, le coefficient de dilation cubique est triple du coefficient de dilatation linéaire.

Voici quelques-uns de ces coefficients :

Platine	0,000008842	Cuivre rouge	0,000017182
Acier non trempé	0,000010788	Cuivre jaune	0,000018782
Fonte	0,000011250	Argent	0,000019097
Fer doux forgé	0,000012204	Étain	0,000021730
Acier forgé	0,000012395	Plomb	0,000028575
Or	0,000014660	Zinc	0,000029417

Le platine est donc, parmi ces métaux, celui qui s'allonge le moins par la chaleur, aussi l'emploie-t-on dans les pièces d'horlogerie de précision.

La Bougie soufflée à rebours.

Tous les corps se dilatent par la chaleur, mais les plus dilatables sont les gaz. Je vais montrer avec quelle force se dilate un gaz (l'air, par exemple) (1) lorsqu'on élève sa température. Prenez une bougie à trois trous, comme celles que l'on trouve partout au-

---

(1) Le physicien Renault a montré que le coefficients de dilatation des gaz ne varient que de quantités très petites.

Le coefficient de dilatation de l'air est de 0,0036659 : c'est un des gaz les moins dilatables.

Un de ceux qui se dilatent le plus, l'acide carbonique, a pour coefficient de dilatation : 0,0036896.

jourd'hui. Bouchez deux des trous avec un peu de cire C ; le troisième trou T sera fermé, à sa partie inférieure, par une simple feuille de papier à cigarettes P que vous y aurez collée ; le papier sera ensuite mouillé légèrement. Introduisez la bougie ainsi préparée dans le goulot d'une carafe en verre mince, et garnissez son pourtour d'un linge mouillé afin d'avoir une fermeture hermétique et d'empêcher toute sortie de l'air contenu dans la carafe. C'est cet air dont nous voulons montrer la dilatation par la chaleur. A cet effet, allumez la bougie après avoir incliné la mèche au-dessus du trou T, et plongez la carafe dans une casserole d'eau chaude. L'air se dilate brusquement, et, cherchant une issue, crève la feuille de papier à cigarettes et s'échappe par le tube T avec assez de force pour venir éteindre la flamme. Voilà un nouveau moyen de souffler une bougie ; nos lecteurs pourront l'ajouter à tous ceux que nous leur avons indiqués précédemment.

Le Chaud et le Froid sortant d'un soufflet.

ORSQUE nous plaçons notre main devant un soufflet qui fonctionne, nous éprouvons une sensation de fraîcheur. Appliquons la bouche de l'instrument sur le réservoir de notre thermomètre, et soufflons vigoureusement. Le thermomètre va baisser, me direz-vous. Erreur ! Si vous soufflez vigoureusement et que votre soufflet soit d'une bonne dimension, vous voyez le mercure (ou l'alcool) monter de 4 à 5 degrés centigrades, ce qui accuse une sérieuse élévation de température. Ce curieux résultat nous rappelle que les gaz, et l'air en particulier, s'échauffent par la compression (1). Vous obtiendrez le même résultat, en petit, à l'aide d'un soufflet fabriqué en papier plié. Voilà notre soufflet classé parmi les personnages dont le fabuliste a dit :

> « Arrière ceux dont la bouche
> Souffle le chaud et le froid. »

Voulez-vous maintenant, avant de laisser votre soufflet, le transformer en machine à fabriquer de la glace? Enfoncez dans l'ouverture une bande de papier buvard enroulée en bouchon, et dont l'extrémité sera découpée en frange, comme le papier qui décore l'os d'un jambonneau. Trempez cette extrémité dans de l'éther, de la benzine ou autre corps s'évaporant facilement, et faites marcher le soufflet. Au bout de quelques coups, vous voyez votre panache de papier buvard se recouvrir d'une couche de gelée blanche. La glace ainsi produite est due à la congélation de la vapeur d'eau contenue dans l'air, cette congélation étant elle-même produite par l'évaporation du liquide volatil.

---

(1) La chaleur produite par la compression de l'air peut être assez forte pour allumer un morceau d'amadou, comme cela a lieu dans le petit appareil connu sous le nom de *briquet à air*. Cet instrument se compose d'un tube de verre épais dans lequel on enfonce un piston sur lequel est fixé le morceau d'amadou. On appuie violemment sur le piston, puis on le retire aussitôt avec l'amadou allumé.

Faire bouillir de l'eau sans feu ni bouillotte.

ÉCOUPEZ un rond de 15 centimètres de diamètre dans du papier fort.

Prenez un bout de gros fil de fer ; formez un anneau de 7 centimètres de diamètre à l'une de ses extrémités ; recourbez en forme d'anse arrondie le fil de fer qui fait suite à cet anneau et servira à le maintenir horizontal, puis contournez en hélice la dernière portion du fil de fer, le diamètre de cette hélice étant exactement égal à celui d'une bougie autour de laquelle vous la placez.

Cela fait, bombez un peu le papier entre vos mains

pour lui donner la forme concave, et posez-le sur l'anneau, en ayant soin qu'il reste au moins une largeur de 2 centimètres de papier au-dessus de cet anneau. Cette précaution vous permet de verser dans le papier assez d'eau pour que son niveau monte un peu au-dessus du cercle de fer, condition indispensable au succès de l'expérience. Enfin, allumez la bougie, et réglez la hauteur de l'anneau de telle sorte que la pointe de la flamme arrive au centre du papier, en le léchant légèrement. Vous maintiendrez le fil de fer dans la position voulue en enfonçant dans la bougie, au-dessous de l'hélice, une épingle qui lui servira de support. Au bout de quelques instants, vous verrez l'eau bouillir dans votre casserole improvisée, et le papier restera intact, malgré son voisinage avec la flamme, parce que toute la chaleur fournie par cette flamme a été absorbée par l'eau pour passer de l'état liquide à l'état de vapeur.

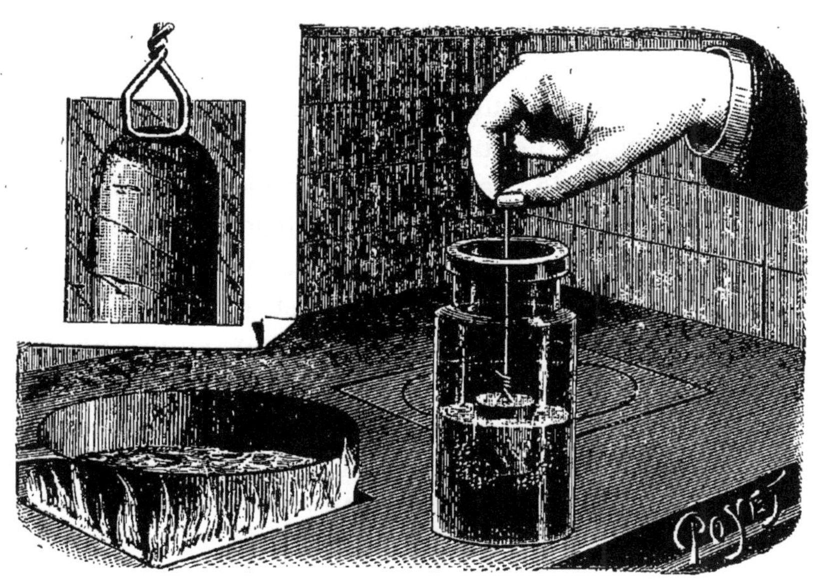

Influence de l'air sur l'ébullition de l'eau.

Si nous chauffons de l'eau sur le feu, nous voyons apparaître d'abord de petites bulles. Ces bulles ne sont autre chose que l'air qui était en dissolution dans l'eau. Après le départ de l'air, on voit de petites bulles de vapeur s'élever des parois échauffées du vase; mais, comme elles traversent des couches de liquide moins chaudes, elles se condensent. C'est la formation et la condensation successives de ces premières bulles de vapeur qui causent le frémissement précédant l'ébullition. On dit alors que l'eau *chante*. Enfin, nous voyons

s'élever de grosses bulles qui viennent **crever à la sur**-
face. C'est l'ébullition proprement dite.

Nous savons que l'eau bout à 100°, à la pression ba-
rométrique de 0ᵐ,76. Nous avons vu dans une expérience précédente que, en diminuant cette pression, on
fait bouillir de l'eau à une température inférieure à
100°. Dans le vide, l'eau bout même à 0°. Chaque liquide
a sa température spéciale d'ébullition.

Deux causes, outre la pression, font varier la température d'ébullition. D'abord les substances en dissolution dans le liquide. L'eau fortement salée, par exemple, ne bout qu'à 100°.

La nature des vases a son influence : l'eau met plus
de temps à bouillir dans un vase de verre bien nettoyé
que dans un vase de cuivre; elle bout plus vite dans un
vase rugueux que dans une casserole en métal poli. Ce
phénomène est dû à la présence de petites bulles d'air
le long des parois rugueuses. L'eau bout difficilement
quand elle est entièrement privée de gaz. Par contre,
s'il reste des bulles d'air interposées entre les parois du
vase et le liquide, elles facilitent le dégagement de la
vapeur. On peut, du reste, faire l'expérience suivante,
qui rend le phénomène très visible. Faites bouillir de
l'eau dans un ballon de verre, et retirez le ballon du feu.
L'ébullition cesse, bien que la température du liquide
soit de 101° à 102° en général. Jetez dans cette eau une
pincée de limaille de fer, et vous voyez aussitôt un vif
dégagement de bulles se produire; c'est l'air, amené
par la limaille, qui fait reprendre l'ébullition.

Vous pouvez encore introduire de l'air au moyen d'un
bouchon creusé en forme de cloche, avec un manche en

fil de fer tordu. Faites bouillir dans un bain-marie d'eau salée de l'eau contenue dans un bocal à large ouverture. Retirez le bocal du bain-marie; l'eau cesse de bouillir. Descendez le bouchon dans le liquide, et vous voyez l'ébullition reprendre avec force, toutes les bulles partant des bords de la petite cloche de liège pour venir crever à la surface.

La Lecture difficile.

RACEZ sur un papier transparent une série de lignes parallèles, espacées d'environ 1 millimètre, puis une seconde série de lignes croisant les premières à angle droit, enfin deux autres séries de lignes inclinées à 45° sur les premières. Vous obtenez ainsi un grillage si serré que, en le posant sur des caractères imprimés ou un manuscrit, il est impossible à qui que ce soit de lire les caractères à travers le grillage.

Lorsque tous ceux qui auront essayé de lire s'avoueront vaincus, annoncez que vous allez lire couramment tout ce que l'on voudra. On recouvre avec le papier transparent muni du grillage la lettre manuscrite, le livre imprimé, que l'on a choisis, et vous les lisez couramment, à la grande admiration du public. Il vous a suffi pour cela de donner au papier transparent de petits mouvements assez rapides, comme si vouliez le frotter sur la page à lire ; les caractères apparaissent aussitôt très distinctement.

Le même phénomène d'optique se produit lorsque nous passons en chemin de fer à quelques mètres d'une palissade dont les planches sont mal jointes ; nous voyons ce qui se passe à l'intérieur de cette palissade, comme si les planches n'existaient pas.

Le Verre de cristal.

UN grand nombre d'illusions d'optique sont dues à la persistance des impressions lumineuses sur notre rétine ; nous connaissons tous le phénomène qui a lieu lorsque nous faisons tourner rapidement dans l'obscurité une baguette de bois dont l'extrémité est enflammée ; l'extrémité de la baguette semble tracer dans l'espace un cercle lumineux continu.

On a construit des toupies qui permettent de répéter un grand nombre d'expériences de ce genre ; la plus connue est l'*éblouissante*, dans l'axe creux de laquelle on introduit l'extrémité d'un fil de fer galvanisé, recourbé suivant le profil d'un objet en verre, un verre à boire, par exemple. Le fil de fer est entraîné dans le mouvement rapide de rotation de la toupie, et la série de ces profils successifs offre à l'œil l'image brillante et transparente d'un verre (1).

La figure de gauche de notre dessin vous montre la manière de construire, à l'aide d'une noix vide et d'un manche de porte-plume, un petit moulin à axe vertical qui vous permettra de répéter toutes les expériences de la toupie éblouissante. La partie de l'axe qui traverse la noix est ronde et amincie ; l'extrémité supérieure est taillée en carré, et enfoncée au centre d'un grand disque de carton, servant de volant. Une ficelle est enroulée autour de l'axe et sort par un trou pratiqué dans une des coques de la noix. Les deux coques sont collées solidement, une fois que l'axe a été mis en place. Vous tenez la noix d'une main, de l'autre vous tirez la ficelle, et voilà votre axe animé d'un mouvement de rotation très rapide. Vous avez creusé, avec un fil de fer rougi, l'intérieur du porte-plume, et vous y introduisez successivement les divers profils en fil de fer dont vous voyez quelques modèles posés sur la table : une bouteille, un verre à boire, un verre de lampe, etc. Vous pouvez varier les formes à l'infini, suivant votre goût.

---

(1) La pluie, qui tombe sous forme de grosses gouttes, nous apparaît, pour la même raison, sous la forme de filets liquides.

La durée de la persistance est en moyenne d'une demi-seconde, tant pour la forme des objets que pour les couleurs. Beaucoup d'appareils curieux utilisent ce phénomène ; tels sont : le thaumatrope, le zootrope, le disque de Newton, et enfin le praxinoscope à projections qui permet de montrer sur un écran des figures mobiles ; c'est le spectacle des pantomimes lumineuses, récemment créé à Paris.

Moyen d'assortir les étoffes.

OULEZ-VOUS assortir, mesdames, à une étoffe quelconque, une bordure ou un ornement, et cela
mieux que vous ne pouvez le faire avec les yeux les
plus expérimentés ?

Prenez un fond de boîte ronde en carton, ou découpez un cercle de carton de 10 centimètres environ de
diamètre. Traversez le centre de ce cercle avec un bout
de crayon de 10 centimètres de hauteur, dont la pointe
sera à 3 centimètres au-dessous du cercle (ces mesures
n'ont rien d'absolu), et fixez le cercle au crayon avec

un peu de cire à cacheter. Vous aurez ainsi une sorte de toton ou de toupie qui tournera très facilement.

Découpez dans votre étoffe, unie ou bariolée, un cercle de même grandeur que le cercle de carton, faites un trou au centre et passez le crayon à travers ce trou de façon que l'étoffe recouvre le carton, sur lequel vous la fixerez avec de petites épingles. En faisant tourner rapidement le toton avec la main, vous aurez sous les yeux la nuance générale de l'étoffe, si celle-ci est composée de dessins de diverses couleurs. Pour voir si la bordure est bien assortie, découpez-en un petit carré de 2 centimètres que vous collerez sur le bord du cercle d'étoffe. En faisant tourner la toupie, vous n'aurez, si votre choix a été bon, qu'une seule teinte. Si le choix laisse à désirer, le cercle sera entouré d'une couronne plus claire ou plus foncée que la teinte générale, vous avertissant que les deux nuances ne s'harmonisent pas. Dans le cas où vous chercheriez, au contraire, une couleur tranchante, la même expérience vous fera voir si la juxtaposition du cercle et de l'anneau extérieur, de couleur différente, donne deux nuances qui vont bien l'une avec l'autre.

Les Drapeaux.

Posez debout, sur la table, à 25 centimètres environ de distance, deux livres dont les tranches soient en face l'une de l'autre, et servant à maintenir entre leurs pages les bords d'une feuille de papier verticale sur laquelle vous avez peint trois bandes verticales d'égale largeur : une bande orangée à gauche, une noire au milieu, une verte à droite. Cette feuille de papier sera le tableau fixe. Prenez maintenant un morceau de carton de 30 centimètres de largeur, un calendrier, par exemple, dont vous présenterez le côté blanc aux spectateurs, et qui va servir d'écran mobile. Engagez ses deux coins inférieurs entre les pages du livre, par devant la feuille colorée, de façon que, lorsque vous l'abandonnerez à lui-même, il glisse verticalement, guidé par les livres comme par une coulisse, et masque la feuille de papier.

Tenez l'écran soulevé quelques instants en priant les assistants de regarder bien fixement la feuille colorée, puis lâchez l'écran qui tombera devant la feuille et qu'ils devront continuer à fixer, quitte à se fatiguer un peu les yeux. Au bout de 10 secondes à peu près ils verront se peindre sur l'écran les trois bandes bleue, blanche et rouge du drapeau tricolore, ces couleurs étant, comme nous le savons, les complémentaires des bandes orangée, noire et verte du papier.

En modifiant le dessin et les couleurs du tableau, vous ferez apparaître sur l'écran les drapeaux des diverses nations ; une croix noire sur fond vert donnera sur l'écran la croix blanche sur fond rouge de la Suisse ou du Danemark ; trois bandes verticales blanche, violette et verte, fourniront les couleurs noire, jaune et rouge de la Belgique ; deux aigles blancs sur fond violet feront apparaître les aigles noirs sur fond jaune de la Russie ; vous pourrez varier à l'infini cette jolie expérience.

La Glace dépolie.

Nous avons vu qu'un morceau de savon pouvait être le complice d'une curieuse plaisanterie, celle de la glace brisée (voir la 1re série de la *Science Amusante*, p. 159). C'est encore d'un morceau de savon et d'une glace qu'il s'agit ici, mais l'effet que nous voulons produire est différent. Nous voulons dessiner et écrire sur cette glace, de façon que les figures que nous tracerons semblent gravées en dépoli sur le verre. Pour cela, coupons, dans un pain de savon de Marseille, un morceau de 0^m,01 d'épaisseur environ et ayant la largeur du morceau primitif.

Avec cet instrument de dessin d'un nouveau genre, écrivons sur la glace en y traçant, par exemple, des lettres capitales comme celles indiquées sur notre dessin. Le savon se dépose sur le verre en une couche mince, ayant l'aspect nacré et laiteux du verre dépoli. De plus, si nous regardons obliquement le miroir ainsi préparé, la réflexion des lettres nous les fait voir, non plus comme une mince pellicule déposée à la surface du verre, mais avec une assez grande épaisseur, comme s'il s'agissait de lettres découpées dans une forte plaque de cristal. Vous pouvez aussi, au gré de votre fantaisie, tailler en pointe le morceau de savon et dessiner un encadrement de fleurs ou d'ornements quelconques. Dans les cafés où l'on improvise un concert, le programme pourra être ainsi écrit sur une des glaces d'une façon artistique et originale. La soirée finie, l'on donne un coup d'éponge, et la glace reprend son aspect primitif.

L'Œuf argenté.

Si vous placez une cuiller en argent au-dessus de
la flamme d'une bougie, elle ne tarde pas à se recouvrir d'une couche de noir de fumée. Plongez-la dans
un verre d'eau, ô miracle ! la cuiller n'est plus noire !
Elle a repris son aspect métallique, et réfléchit à sa
surface la lumière de la bougie ou des objets brillants.
Vous la retirez de l'eau, croyant que le noir de fumée
s'en est détaché ; il n'en est rien, la cuiller reste toujours d'un beau noir mat. Voici quelque chose de bien
curieux, n'est-ce pas ? et chacun de vous pourra l'expé-

rimenter facilement. L'explication de ce phénomène est très simple.

Le noir de fumée, par suite de sa finesse extrême, n'est pas mouillé par l'eau (1) ; l'eau présente donc, tout autour et à une faible distance de la cuiller noircie, une forme courbe reproduisant exactement celle de la cuiller, et sur laquelle la lumière vient se réfléchir comme sur une surface métallique.

Vous pouvez présenter cette jolie expérience avec la variante suivante. Noircissez un œuf au-dessus d'une bougie ou mieux d'une lampe à pétrole bien fumeuse, et cet œuf, plongé dans l'eau, prendra aussitôt un aspect brillant et métallique, donnant l'illusion d'un œuf argenté, pour reparaître noir dès que vous l'aurez sorti du liquide.

---

(1) L'adhésion entre deux corps polis est considérable : coupez une balle de plomb avec un canif tres affilé et rapprochez les deux parties coupées, en les appuyant l'une contre l'autre, elles resteront collées et il deviendra difficile de les séparer de nouveau. Dans les fabriques de glaces, on a vu deux glaces, posées l'une sur l'autre, adhérer si fortement, qu'on ne pouvait plus les séparer sans les rompre.

Les corps pulvérulents sont difficilement mouillés par les liquides ; vous voyez, lorsque la pluie tombe sur une route poudreuse, les gouttes d'eau rebondir sur le sol en conservant leur forme sphérique, avant que la poussière ne soit mouillée et transformée en boue.

Démonstration des lois de la réflexion et de la réfraction.

Es lois fondamentales de la réflexion et de la réfraction s'étudient dans les cabinets de physique, à l'aide d'instruments coûteux et délicats; voici comment vous pourrez les vérifier avec un appareil beaucoup plus simple : un rond de carton dans lequel sont piquées trois épingles.

Le rond aura $0^m,06$ de rayon; vous tracerez les diamètres perpendiculaires BA et CD. Prenez une longueur arbitraire, $0^m,012$ par exemple, et portez-la trois fois sur OC et quatre fois sur OD. Par les points E et F ainsi déterminés, menez GH et LI, parallèles à AB.

Tracez les rayons HO et OL. Piquez les trois épingles tout près du bord du disque et bien perpendiculairement aux points G, H et L. Voilà l'appareil construit.

Maintenez le cercle verticalement dans une cuvette ou un seau d'eau, de façon que le diamètre horizontal BA se confonde avec le niveau du liquide.

(Pour opérer en public, nous adoptons un vase transparent, par exemple une cloche à fromage retournée et posée sur un bocal.)

Placez votre œil sur le prolongement de la ligne OH, et vous constaterez que l'épingle H vous masque l'image des deux autres épingles G et L.

Voici, en effet, ce qui se passe :

Par suite de la *réflexion* de l'épingle G sur le niveau du liquide, son image vient au point K, sur le prolongement du rayon réfléchi OH, ce qui nous démontre bien que l'angle de réflexion HOC est égal à l'angle d'incidence GOC, puisque les angles GOC et KOD étaient égaux sur notre tracé, et que les angles KOD et HOC sont égaux comme opposés par le sommet.

En second lieu, la *réfraction* nous montre au même point K l'image de l'épingle L, la distance de K au niveau de l'eau n'est plus que les 3/4 de la distance de L à ce niveau, distance qui était égale à OF, ce qui nous démontre que l'indice de réfraction de l'eau (c'est-à-dire la quantité dont les rayons lumineux sont relevés en passant de l'air dans l'eau) est égal à 3/4.

Voici comment, grâce aux lois de la réflexion et de la réfraction, les images des épingles G et L viennent se confondre en un même point K, masqué par l'épingle H à l'œil de l'observateur.

La Lunette de Don Quichotte.

UR un petit cadre de carton, collez un morceau de gaze de soie très fine, et regardez à distance, à travers cette lunette d'un nouveau genre, la flamme d'un bec de gaz ou d'une bougie : cette flamme vous apparaîtra aussitôt sous la forme d'une croix lumineuse, dont les branches sont bordées de franges nuancées de toutes les teintes de l'arc-en-ciel. Ce phénomène est connu en physique sous le nom de *diffraction de la lumière* (1). Voici comment vous pourrez donner à cette

(1) A la nuit, fermez les yeux presque entièrement et regardez une lumière ; vos cils joueront le rôle de réseau, et la lumière, celle d'un bec de gaz par exemple, vous paraîtra aussitôt avec sa croix irisée.

expérience si simple une forme originale. Construisez, avec du papier fort, un petit moulin composé d'un cylindre surmonté d'un cône, et placez-le au bout de la chambre après avoir mis à l'intérieur une bougie allumée. Vous aurez calculé la longueur de cette bougie de manière qu'on voie la flamme exactement à la hauteur d'un trou carré que vous aurez découpé dans la partie cylindrique, à l'endroit où se trouve d'ordinaire l'arbre des ailes. Une grande échancrure devra aussi être faite dans le toit, au-dessus de la bougie, pour éviter toute chance d'incendie. — Vous pouvez du reste, au lieu de cette construction, vous contenter de mettre la bougie derrière un carton découpé représentant le profil du moulin, la flamme se trouvant toujours derrière le trou placé à l'intersection des ailes. Toutes les autres lumières de la pièce étant éteintes, vous présentez votre moulin aux spectateurs, qui aperçoivent, à travers le trou, la flamme de la bougie, et vous leur posez la question suivante : « Où sont *les ailes du moulin?* » Lorsqu'ils ont longtemps cherché, vous placez entre les mains de l'un d'eux le petit cadre de gaze, à travers lequel il verra aussitôt surgir les quatre ailes lumineuses, et ces ailes se mettront en mouvement comme celles d'un moulin à vent ordinaire dès qu'on donnera au cadre un mouvement de rotation dans un sens ou dans l'autre.

Les Images cannelées.

Voici un singulier miroir : toutes les images vues dans ce miroir seront sillonnées de nombreuses bandes noires, comme si ces images étaient vues au travers d'une échelle à barreaux très rapprochés. L'expérience est facile à réaliser. Placez-vous dans un endroit sombre, ou bien opérez le soir. Éclairez-vous alors avec une lampe à alcool ou un réchaud quelconque à esprit-de-vin, et mettez dans le liquide de la lampe un peu de sel de cuisine. La flamme devient rapidement

jaune, et les assistants auront déjà la surprise de constater la teinte livide que prennent alors leurs visages.
Avec cet éclairage il suffit de prendre comme miroir
une pellicule transparente et fine pour que l'expérience
réussisse. Ainsi, prenez un morceau de la gélatine en
feuilles minces que vendent les marchands de produits
photographiques, et regardez l'image de la flamme.
Cette image est assez déformée, mais les cannelures
noires n'en sont pas moins visibles. La substance avec
laquelle l'expérience est la plus brillante est le mica. Il
est assez facile de s'en procurer : c'est le mica qui garnit les vitres d'avant des poêles à feu visible; c'est lui
qui, pour des raisons d'économie, remplace souvent le
verre des becs de gaz dans les écoles ou les ateliers;
c'est encore lui qui forme les vitres des lanternes de
poche pliantes. Les images que vous donnera la feuille
de mica seront bien régulières et les cannelures noires
très belles. Vous pourrez regarder ainsi l'image de la
flamme, celle d'une feuille de papier, ou de votre main
placée près de la flamme. L'épaisseur de ce mica ne
doit guère dépasser celle d'une feuille de fort papier
écolier. Est-elle plus épaisse? Vous la couperez très
facilement en deux dans son épaisseur avec un couteau
à papier ou une carte de visite. Il vous suffira d'engager le couteau sous l'une des lamelles qui s'écaillent
sur les bords pour que le mica cède ensuite de lui-
même devant votre couteau. Cette curieuse propriété
du mica, de se fendre de lui-même, s'appelle le clivage.
Elle existe également dans la pierre à plâtre cristallisée
des environs de Paris, appelée gypse fer de lance, et
cette substance réussirait aussi bien que le mica pour

notre expérience actuelle. Enfin, répétez l'expérience en courbant la feuille de mica, les raies noires deviennent beaucoup plus nombreuses. Ces images cannelées sont produites par des phénomènes d'interférence, sur lesquels je ne puis insister ici et qui nous prouvent que la lumière est produite par des vibrations analogues à celles qui produisent le son.

Comment lui faire avaler l'oiseau ?

’œIL est un véritable instrument d'optique, et son étude constitue l'un des chapitres les plus curieux de la physique, soit qu'on examine sa structure si délicate, soit qu'on cherche à pénétrer le mystère de son fonctionnement, à y suivre la marche des rayons lumineux, à deviner comment se fait le redressement des images qui se peignent renversées sur notre rétine, soit enfin qu'on cherche de quelle façon l'œil nous permet d'apprécier une distance ou la grandeur d'un objet. La question de la vue simple avec deux yeux est aussi très intéressante; lorsque nos deux yeux se fixent sur le même objet, il se forme une image sur chaque rétine; pourquoi donc ne voyons-nous qu'un seul objet? On doit à Weathstone, l'inventeur du stéréoscope, de nombreuses expériences montrant la différence qui existe entre la vision avec deux yeux et la vision avec un seul œil. Il résulte de ces expériences que ce n'est qu'avec les deux yeux qu'on peut avoir la perception du relief des corps, c'est-à-dire de leurs trois dimensions. La vision avec deux yeux donne lieu à de curieuses illusions d'optique; en voici une que vous pourrez ajouter à celles que nous avons déjà publiées. Dessinez, sur une carte de visite, la tête d'un personnage ouvrant largement la bouche, et à $0^m,02$ de distance, un oiseau qui vole dans sa direction. Placez cette carte horizontalement sous les yeux d'un amateur, le bord de la carte lui touchant le nez, et demandez-lui comment on peut faire avaler l'oiseau au personnage tracé sur la carte? Quand l'amateur aura inutilement cherché quelque temps, donnez-lui la solution du problème en faisant décrire à la carte un quart de cercle, comme l'indique la flèche de notre dessin, le bord de la carte restant toujours appuyé contre son nez; dans ce mouvement de rotation, l'amateur verra d'une façon très distincte l'oiseau voler vers l'individu et pénétrer dans sa bouche (1).

---

(1) Cette expérience est une variante simplifiée de *l'oiseau dans la cage*, indiquée dans notre 2ᵉ série, page 135.

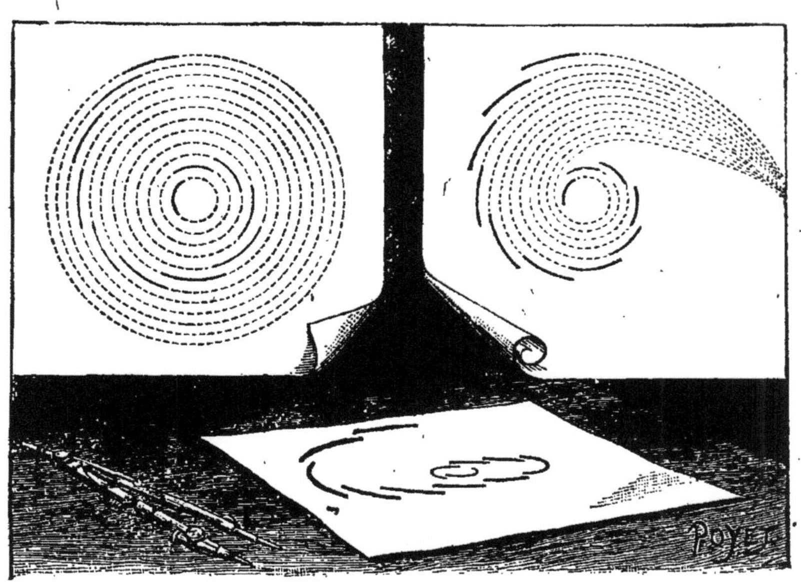

Les Arcs convergents.

ÉCRIVEZ, avec un compas et un crayon, une série de cercles concentriques, mais en ne faisant appuyer le crayon que sur une partie de chaque cercle, de façon à obtenir des arcs de cercle qui semblent mis les uns au bout des autres, mais sur des cercles différents.

En regardant un dessin de ce genre, il vous semble, comme l'indiquent les lignes pointillées de notre figure de droite, que si vous prolongiez ces arcs, tous du même côté, ils viendraient se réunir en un même point. Cette illusion d'optique, très curieuse, est d'autant plus forte que le dessin aura été tracé à une échelle plus grande. Pour la rectifier aux yeux des spectateurs, il vous faudra reprendre le compas et terminer entièrement chaque cercle, comme le montre le tracé en pointillé de la figure de gauche; le public verra alors que tous ces arcs étaient bien parallèles et non convergents.

Le Fil de fer mélomane.

Voici comment au dîner vous pouvez montrer à vos amis du fil de fer dansant au son de la musique.

Posez sur la table deux verres semblables en cristal, remplis d'eau jusqu'au quart de leur hauteur, et placez-les à une certaine distance l'un de l'autre. Versez encore un peu d'eau, soit dans l'un, soit dans l'autre, jusqu'à ce qu'ils donnent la même note lorsque vous les ferez tinter en les frappant avec la lame d'un coûteau ; en un mot, vous les accorderez à l'unisson l'un de l'autre.

Posez maintenant, en travers du premier, un fil de fer très léger, recourbé à ses deux extrémités, et faites chanter le second verre en frottant son bord avec le doigt mouillé.

Les vibrations de ce second verre se transmettent immédiatement à l'autre, et vous en avez la preuve en voyant le fil de fer se trémousser sur les bords du premier verre d'une façon très amusante, et danser ainsi pendant tout le temps que l'autre verre, frotté par le doigt, lui fait de la musique.

La Règle plaintive.

UNE règle plate à dessin et un bout de ficelle vont nous permettre d'exécuter l'expérience de la *règle plaintive*. Vous attacherez à la règle, après l'avoir passée par le trou, l'extrémité de la ficelle dont vous tiendrez l'autre bout dans la main. Cela fait, vous ferez tourner vigoureusement votre bras, pour imprimer à la règle un mouvement de rotation circulaire, comme s'il s'agissait de faire tourner une fronde.

Mais vous vous apercevrez bien vite qu'il vous est impossible de faire tourner la règle dans un plan verti-

cal; ici, la force centrifuge est combattue par la résistance de l'air qui, agissant sur la règle plate, lui imprime
un mouvement de rotation très rapide sur elle-même,
et la règle tendra de plus en plus *à s'éloigner de l'opérateur*, exerçant sur son bras une traction assez sensible ;
au lieu de décrire dans l'espace un cercle situé dans un
plan vertical, elle y décrira un cône dont le sommet sera
situé au bout de sa main. De plus, la règle se présentera à l'œil tantôt vue de face, tantôt vue par la tranche,
ce qui produira des effets d'optique assez curieux, surtout si l'on exécute l'expérience devant une glace.

Mais ce qu'il y a surtout d'intéressant dans cette
expérience si simple, c'est la partie relative à l'acous-
tique. Selon que vous ferez tourner la règle plus ou
moins vite, elle fera entendre des sons variés ; tantôt ce
sont des cris déchirants, tantôt des ronflements sonores ;
vous imiterez facilement aussi les plaintes de la bise et
les sanglots du vent dans la tempête. En manœuvrant
derrière une porte l'appareil que je viens de vous indiquer, vous pourrez ainsi intriguer vos amis ; dans la
comédie de salon, notre règle vous sera souvent fort
utile.

VIII. — ÉLECTRICITÉ

Les trois Dés.

ETTONS deux gros livres sur une table, à une certaine distance l'un de l'autre. Plaçons sur ces deux livres un carreau de vitre qui reposera sur eux par deux de ses bords opposés. Au-dessous du carreau, disposons sur la table des corps légers, tels que : petits morceaux de bouchon ou de papier, barbes de plumes, balles en moelle de sureau, etc.

Si nous frottons maintenant notre vitre avec un chiffon de laine bien séché devant le feu, de façon à électriser le verre, nous voyons tous ces objets sauter de la table contre le verre, retomber sur la table, sauter de nouveau, en un mot, se livrer à une sarabande très mouvementée.

En les remplaçant par de petits bonshommes en moelle de sureau, qu'il vous sera facile de fabriquer vous-même, vous aurez l'aspect d'un bal des plus animés : c'est l'expérience bien connue en électricité sous le nom de *danse des pantins*.

Voici aujourd'hui le moyen d'utiliser cette expérience à la confection d'un jeu nouveau.

Découpez, dans de la moelle de sureau, trois petits cubes de même grandeur; marquez-y, avec une plume et de l'encre, des points noirs qui les feront ressembler à de petits dés à jouer ordinaires, et placez-les dans une de ces boîtes à couvercle de verre renfermant les ménages de poupées.

Frottez le dessus du couvercle avec un chiffon de laine, et vous voyez les trois dés sauter vivement et venir se coller contre le verre, vous donnant ainsi le moyen original de faire une partie de dés avec vos amis. De plus, voici comment il vous sera facile de les mystifier.

Vous priez l'un d'eux d'additionner les points marqués par les dés, puis vous attendez quelques secondes et, sans avoir touché à la boîte, vous lui montrez qu'il a mal compté; au lieu de 6, 4 et 2, par exemple, qui donnaient 12, le point est devenu 1, 3 et 4, qui ne donnent plus que 8! Et cependant les dés sont bien toujours collés contre le verre, et personne n'y a touché. Un instant après, c'est un nouveau point qui se présente de lui-même, et cela continue ainsi pendant assez longtemps ! Voici ce qui se passe :, la face du cube en contact avec le verre perd peu à peu son adhérence ; elle s'en détache, mais le cube reste un instant collé par son arête ; c'est alors la face voisine qui est vivement attirée par le verre électrisé, et le cube, oscillant autour de cette arête, vient s'y coller par son autre face. De là le changement amusant des points, qui, vous le voyez, n'avait rien de bien mystérieux.

Ombres électriques.

Posez à plat sur la table deux livres d'égale épaisseur ($0^m,02$ à $0^m,03$) et à une certaine distance l'un de l'autre. Sur ces deux livres, posez les deux bords opposés d'un carreau de verre, après avoir répandu sur la table, entre les deux livres, une certaine quantité de poudre de liège, obtenue en limant un bouchon avec une lime fine.

Frottez la surface supérieure de la vitre avec un morceau d'étoffe de laine ou de soie, et vous verrez la poudre de liège sauter de la table contre le verre, sous l'influence de l'électricité produite par le frottement. Dès que vous cessez de frotter, la poudre de liège n'est plus attirée et retombe peu à peu sur la table.

Voici comment transformer l'expérience en phénomène magique : Tracez en secret sur votre carreau, avant de le montrer aux spectateurs, un dessin quelconque, personnage, fleurs, etc., à l'aide d'un pinceau trempé dans de la glycérine ; si vous vous méfiez de votre talent, il vous sera facile de placer le carreau sur un dessin tout fait, dont votre pinceau suivra les contours.

Placez ensuite le carreau ainsi préparé entre la lampe et le mur qui vous servira d'écran, et faites constater au public que ce carreau est bien transparent et ne projette aucune ombre sur le mur. Placez-le alors sur les deux livres, le côté glycériné en dessous, et frottez comme il a été dit plus haut ; la face inférieure du carreau se recouvrira de poudre de liège, mais, après avoir placé le verre verticalement et soufflé pour enlever le liège en excès, vous montrerez à la société le dessin qui vient d'apparaître comme par enchantement, et dont vous projetterez sur le mur l'ombre agrandie en plaçant le carreau devant la lampe.

Le Kanguroo boxeur.

ON sait que le pendule électrique consiste en une balle très légère, en moelle de sureau, suspendue par un fil de soie à un support à pied de verre destiné à l'isoler du sol. Lorsqu'on approche un corps électrisé, la petite balle est d'abord attirée, puis repoussée aussitôt qu'il y a eu contact.

Voici la manière de présenter cette expérience au public d'une façon originale. Dessinez, puis découpez, dans une carte de visite, un personnage représentant un boxeur; collez sur le revers du dessin un peu de papier d'étain débordant légèrement les contours du boxeur, et rabattez le rebord de papier d'étain sur la tranche de carton.

Collez derrière une des jambes (celle qui est en arrière) un bout de fil de fer, que vous piquerez dans un petit morceau de cire à cacheter, collé sur une planchette. Le pied qui est en avant ne touchant pas la planchette, le personnage est ainsi isolé du sol.

Dessinez, dans une feuille de papier à calquer, un kanguroo boxeur dans l'exercice de ses fonctions. Collez, au dos, du papier d'étain et suspendez-le par un fil de lin à une potence en fil de fer piquée sur la planchette, en face du boxeur humain, comme l'indique notre figure.

Comme source d'électricité, construisez une machine électrique au moyen d'un verre de lampe fermé à l'un de ses bouts par un gros bouchon traversé en son centre par un clou. Reliez ce clou au fil de fer qui est au dos du boxeur par un fil de fer mince de $0^m,75$ de longueur environ. Voilà notre appareil construit (1). Si vous frottez le verre, bien séché devant le feu, avec un foulard de soie ou une fourrure, le verre s'électrisera et l'électricité se transmettra à l'homme. Le kanguroo sera vivement attiré et viendra frapper vivement le boxeur. Mais la décharge électrique aura lieu aussitôt, et l'animal sera repoussé. On aura ainsi une série d'attractions et de répulsions simulant le spectacle d'un animal furieux qui bondit sur son adversaire.

Les verres de lampe en cristal doivent être préférés pour cette expérience.

---

(1) Voyez aussi *le verre de lampe transformé en machine électrique* 1re série, page 165.

I. — INERTIE

La Pièce de monnaie et l'Anneau de papier.

Posez verticalement, sur le goulot d'une bouteille
vide, un anneau de papier de 8 à 10 centimètres
de diamètre environ, et mettez à plat, sur le haut de
cet anneau, une pièce de 50 centimes, exactement
au-dessus de l'ouverture de la bouteille.

Introduisez, dans l'intérieur de l'anneau, l'extrémité
d'une baguette, avec laquelle vous donnerez horizontalement un fort coup contre l'anneau ; celui-ci sera

chassé latéralement, et la pièce, au lieu d'être entraînée avec lui, tombera verticalement dans l'ouverture de la bouteille. En effet, par suite de la rapidité du choc, la pièce, en vertu du principe de l'inertie, n'a pas eu le temps de participer au mouvement imprimé au papier (1).

Il existe un grand nombre de petites expériences de ce genre, relatives à l'inertie de la matière. En voici une très simple.

Mettez horizontalement en équilibre, sur le bout de l'index de la main gauche, une carte de visite au centre de laquelle est posée à plat une pièce de cinq francs en argent ou une pièce de dix centimes; donnez bien horizontalement, avec la main droite, une vigoureuse chiquenaude sur l'un des coins de la carte; celle-ci s'envolera en tournoyant rapidement, laissant la pièce posée sur le bout de votre doigt.

Voici encore une expérience sur l'inertie :

Sur le marbre de votre cheminée, posez verticalement, sur sa tranche, une pièce de cinq francs en argent, en interposant, entre la cheminée et la pièce, une bande de papier dont l'extrémité dépasse un peu le bord de la plaque de marbre; donnez de haut en bas avec une baguette un vigoureux coup sur la portion de la bande qui déborde la cheminée; la bande sera chassée et tombera par terre; quant à la pièce, elle restera posée sur sa tranche, dans sa position verticale.

---

(1) Cette expérience, reproduite dans plusieurs ouvrages, a été publiée pour la première fois dans le journal *le Chercheur* (N° de septembre 1886).

Le Moment d'inertie.

U n petit corps pesant, un bouton de bottine, par exemple, attaché au bout d'un fil, va nous démontrer expérimentalement l'un des théorèmes les plus importants de la mécanique, relatif au moment d'inertie des corps, et qui est le suivant :

Si le moment d'inertie d'un corps en rotation décroît pour une cause quelconque, le corps, en conservant son énergie initiale, prendra une vitesse de rotation de plus en plus grande.

En effet, le moment d'inertie d'un corps étant la masse de ce corps réduite à la distance de l'unité de l'axe de rotation, la diminution de ce moment d'inertie équivaut à une diminution de cette masse, et, pour que la force vive du système reste la même, il faut que la vitesse de rotation augmente.

Pour vérifier ce fait par l'expérience, prenons les deux bouts du fil non tendu entre le pouce et l'index de chaque main, et donnons au bouton un mouvement de rotation lente. Puis, cessons de faire tourner le bouton et éloignons les mains l'une de l'autre. Le double cône, décrit par les deux portions du fil, devient plus aigu, le moment d'inertie du système décroît, et vous serez frappés par la grande vitesse de rotation acquise subitement par le bouton, bien que vos mains ne le fassent plus tourner. Ceci est la conséquence du principe de la conservation de l'énergie.

Le Toton dessinateur.

N petit disque plat traversé en son centre par une tige, voilà le toton, de forme bien connue. Une légère modification va le transformer en un instrument capable de tracer des dessins de la plus ravissante fantaisie.

Pour obtenir ce résultat, le disque doit être le plus lourd possible, et être percé, près de son bord, d'un trou supplémentaire. Vous réaliserez ces deux conditions en prenant une de ces rondelles de plomb que les couturières placent pour les alourdir aux basques des corsages des dames (mes aimables lectrices voudront bien me pardonner cette petite indiscrétion).

Percez votre plomb d'un trou au centre, dans lequel vous passerez le bout d'allumette qui sera la tige; faites deux autres trous près du bord et dé part et d'autre du trou central. Ces trous se font très facilement dans le plomb avec la pointe du canif ou des ciseaux. L'un des trous n'est là que pour l'équilibre. Dans l'autre trou placez un crin emprunté à votre brosse, et maintenez-le en place au moyen d'un petit bout d'allumette servant de cheville; la pointe du crin devra être un peu plus longue, au-dessous du disque, que la pointe de la tige. Quand vous en avez bien réglé la longueur, vous enfoncez fortement la cheville, et voilà l'instrument prêt à opérer. Promenez le dos d'une assiette au-dessus d'une lampe fumeuse ou d'une bougie, afin de la recouvrir d'une belle couche de noir de fumée, et faites tourner, à la manière ordinaire, votre toton sur cette assiette renversée que vous tiendrez à la main. Le petit crin, faisant office de style, y tracera les courbes les plus curieuses, représentant des anneaux enchevêtrés les uns dans les autres, et que vous pourrez faire varier à l'infini suivant la façon dont vous inclinerez l'assiette pour modifier, à votre fantaisie, le chemin parcouru par la tige.

Vous aurez de plus, outre le tracé du chemin parcouru par l'appareil, l'indication exacte du nombre de tours qu'il a faits; il vous suffira de compter le nombre des anneaux qui ont été tracés.

Le Pendule conique.

Si nous éloignons un pendule de sa position verticale en l'abandonnant ensuite à lui-même, il exé-
cutera une série d'oscillations en passant et repassant
toujours par cette position. Mais si, au lieu de l'aban-
donner à lui-même, nous lui imprimons une vitesse
latérale de façon à ce qu'il ne passe plus par la position

verticale, il décrira une ellipse plus ou moins arrondie, et cette ellipse elle-même tournera lentement autour de son centre dans la même direction qu'elle est parcourue par le poids. La théorie de ce phénomène est trop compliquée pour que nous l'exposions ici, mais

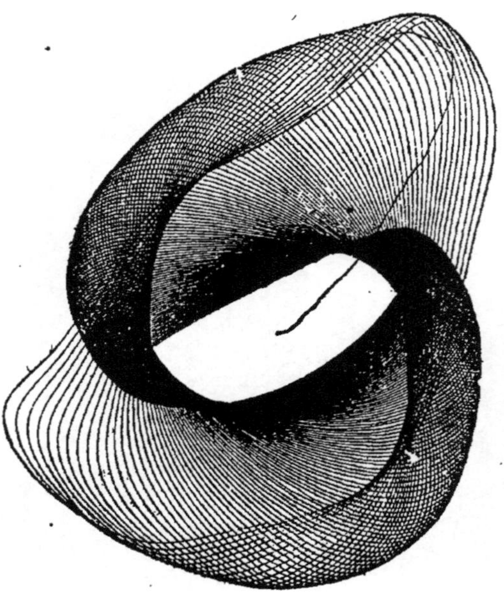

Fac-similé de la figure tracée par l'aiguille
sur le noir de fumée.

nous pouvons en faire chacun, avec les moyens très simples que je vais indiquer, la démonstration expérimentale. Voici comment nous allons fixer, pour l'étudier à notre aise, le tracé de ce mouvement de pendule conique.

Attachons un livre assez lourd à un fil fort dont l'autre bout est fixé à la clef d'un tiroir de commode entr'ouvert au-dessus de la table. Voilà notre pendule conique.

Un système articulé composé de deux pailles A C et B D réunies en forme de T par une épingle au point C, voilà notre appareil enregistreur. Pour le rendre plus léger, fendez les pailles en deux parties dans toute leur longueur, et n'employez qu'une des moitiés ; les pièces à section demi-circulaires ainsi obtenues seront encore assez résistantes. L'extrémité A d'une des pailles est fixée à la table au moyen d'une épingle. Quant à la paille B D, elle est fendue légèrement en B pour laisser passer le fil, puis la fente est refermée à l'aide d'une goutte de cire. En D, elle est traversée par une aiguille fine dont la pointe s'appuie sur une plaque de verre enduit de noir de fumée, posée sur la table. Faites tourner maintenant le livre de façon à ce que le fil décrive un cône dont la clef serait le sommet, et vous obtiendrez une série de tracés ou diagrammes très curieux dont nous donnons un spécimen et qui nous montrent, à une échelle réduite, le chemin parcouru, à chacune de ses oscillations, par notre pendule.

Le Mur de ficelles.

ORSQUE nous frappons, avec une canne, l'extrémité inférieure d'une corde suspendue verticalement, nous sommes surpris de voir combien notre coup de canne a peu d'action sur cette corde. Au lieu d'être projetée au loin, comme le serait une tige rigide oscillant autour de son support, notre corde n'éprouve qu'un faible déplacement dans l'espace. La cause du phénomène nous est immédiatement révélée. En effet, par suite de son inertie, l'extrémité libre de la corde tend à rester en place tandis que le point frappé tend à se mouvoir; il en résulte que le bout de la corde se relève et entortille le bâton, arrêtant ainsi le vigoureux élan que votre bras lui avait imprimé. Cette simple observation va nous permettre d'exécuter l'expérience émouvante du *mur de ficelles*. Suspendez une série de cordes minces ou de grosses ficelles les unes à côté des autres et dans un même plan, leurs extrémités libres arrivant près du sol. Vous pourrez les attacher au manche d'un balai posé sur le haut de deux portes, comme l'indique la figure. Derrière ces ficelles, placez sur le plancher un objet fragile (à défaut du vase de Sèvres représenté sur notre dessin, et que la maîtresse de maison hésiterait peut-être à vous prêter, une simple bouteille fera très bien l'affaire), et défiez un de vos amis, placé de l'autre côté des ficelles, de briser cet objet en frappant dessus avec une canne que vous lui mettez entre les mains. Rien de plus amusant que ce jeu dans lequel le premier moment d'émotion fait place à de joyeux éclats de rire, les ficelles, pareilles à des serpents, s'entortillant à qui mieux mieux autour du bâton, et paralysant l'effort de l'amateur le plus fort.

---

(1) On peut se proposer de traverser en courant le mur de ficelles, et constater la résistance que l'on rencontre. Si on le traverse en marchant, rien, au contraire, n'est plus facile. On comprend, après avoir fait cette expérience, pourquoi il est dangereux pour un baigneur de s'agiter lorsqu'il se sent pris dans les herbes qui poussent au fond des rivières; il doit rester calme et se dégager en nageant doucement sur le dos; les lanières qui l'enserraient se détachent d'elles-mêmes en reprenant leurs directions parallèles.

L'Abat-jour Manège.

AILLEZ, dans une pomme de terre, un cylindre ayant pour diamètre le diamètre de la partie élargie d'un verre de lampe et pour hauteur 3 centimètres; avec un cure-dents en plume, percez dans ce cylindre de pomme de terre quatre trous cylindriques obliques par rapport à l'axe du gros cylindre. (Le détail à gauche du dessin vous montre la place et la direction de ces quatre trous). Bouchez la partie élargie du verre de lampe avec la pomme de terre ainsi préparée.

En haut du verre, enfoncez à frottement dur un autre cylindre de pomme de terre ou un bouchon percé de trous cylindriques comme celui du bas, mais cette fois les trous auront leurs axes verticaux et non plus obliques. De plus, un trou vertical au centre laissera passer le fil servant à suspendre l'appareil. Ce fil sera arrêté au-dessous du bouchon supérieur par un petit morceau d'allumette ; l'extrémité supérieure du fil sera attachée au plafond ou au bouton de la suspension qui éclaire la table ; auparavant, vous aurez enfoncé un abat-jour jusqu'à la partie élargie du verre de lampe, après avoir suspendu tout autour, au moyen de fils, de petits chevaux en papier découpé supportant des personnages, et figurant un manège de chevaux de bois.

Une cuvette étant placée sur la table, au centre du système, vous n'avez plus qu'à verser de l'eau dans le haut du verre pour faire fonctionner l'appareil. L'eau traverse les trous du bouchon supérieur, remplit le verre et s'écoule par les orifices obliques de la pomme de terre. Par suite d'un effet de réaction que nous avons plusieurs fois déjà étudié, l'ensemble se met à tourner avec une vitesse assez grande.

**Tourniquet hydraulique avec deux épingles
à cheveux.**

Un bout de crayon et deux épingles à cheveux, je
ne crois pas qu'on puisse trouver de matériaux
plus simples pour construire le tourniquet hydraulique,
dont je vais indiquer le mode de fabrication et le fonctionnement.

Réunissez l'une à l'autre deux épingles à cheveux, au
moyen d'un peu de cire ou de ligatures de fil, de façon
à former une gouttière creuse entre les deux épingles
ainsi accolées. Les deux extrémités de chaque épingle
seront courbées à angle droit, avec des tenailles ou une

pince, mais dans deux sens différents, de façon que si vous posez les épingles réunies sur une table, l'un des bouts se dirige vers vous, l'autre se dirigeant, en sens inverse, vers la table.

Placez le crayon debout au milieu d'une assiette, et, sur sa pointe, mettez à cheval vos deux épingles ; elles s'y maintiendront en équilibre stable. Il s'agit maintenant de les faire fonctionner comme un tourniquet hydraulique. Pour cela, versez au sommet des épingles, à l'aide d'une cuiller, quelques gouttes d'eau. En vertu de la capillarité, l'eau suivra les gouttières existant tout le long des épingles, même dans la portion horizontale, et s'échappera à chaque extrémité, sous forme de deux minces filets liquides coulant en sens inverse l'un de l'autre. Aussitôt, vous voyez le système des épingles se mettre à tourner rapidement, par l'effet de la réaction, et vous entretenez aisément ce mouvement de rotation en ajoutant, dès qu'il se ralentit, quelques nouvelles gouttes de liquide.

Revue de la Flotte.

UIRASSÉS d'escadre, avisos-torpilleurs, gardes-côtes, etc., nous allons passer en revue une flotte entière, et la faire évoluer dans un plateau. C'est vous dire que notre flotte est celle de Lilliput. Le corps de chaque bateau sera taillé dans un morceau de craie, puis vous y placerez les mâts en allumettes avec leurs pavillons en papier colorié, les cheminées et autres accessoires. En badigeonnant vos navires avec de l'encre, ils prendront la teinte grise ou noire, qui est la couleur habituelle des cuirassés. Le dessous sera entièrement plat, vous allez voir pourquoi tout à l'heure.

Rangez les vaisseaux sur le plateau, puis versez dans celui-ci une mince couche de vinaigre ; chaque navire s'entoure aussitôt d'écume, puis se met en marche comme s'il était mû par un moteur intérieur. Vous voyez vos vaisseaux aller de droite et de gauche, s'aborder les uns les autres comme ils le feraient dans un combat naval. Au bout d'un moment, votre plateau n'offre plus que l'image du désordre et de la confusion. L'effet produit est des plus curieux, mais l'explication de cette petite expérience est fort simple : au contact du vinaigre, la craie se décompose en fournissant de l'acide carbonique. Ce gaz se dégage en bulles qui fournissent l'écume. De plus, le dégagement est si violent que le petit morceau de craie se trouve légèrement soulevé de dessus le plateau, et mû dans tous les sens par l'effet de la réaction du gaz contre le liquide (1).

____

(1) Si vous mettez un œuf dans un bol de vinaigre, vous le voyez, au bout de quelque temps, se mettre à tourner autour de son grand axe. Le vinaigre a attaqué le carbonate de chaux de la coquille, et les bulles d'acide carbonique qui se dégagent, réagissant sur le liquide, provoquent ce mouvement de rotation, qui dure jusqu'à la dissolution complète de la coquille.

Les Ballons à vapeur.

ERCEZ un petit trou à l'extrémité d'un œuf, et priez un amateur d'œuf crus de le vider en l'aspirant par ce trou. Entourez la coquille d'une garniture de fil de fer, comme celle que vous voyez sur notre dessin, présentant au-dessus de la coquille un petit anneau, et, au-dessous, deux crochets. Prenez maintenant un dé à coudre; entourez-le, vers son ouverture, d'un fil de fer formant, de part et d'autre, deux petits œillets qui serviront à suspendre le dé au-dessous de la coquille, au moyen des crochets indiqués plus haut.

Préparez de même une autre coquille et un second dé, et vous aurez ainsi deux ballons dirigeables, les coquilles figurant le corps des aérostats et les dés les deux nacelles. Il s'agit maintenant de remplir à moitié d'eau chacune des deux coquilles. Pour cela, chauffez la coquille et plongez-la brusquement dans une cuvette d'eau froide ; une certaine quantité d'eau pénétrera à l'intérieur. Piquez maintenant deux petites fourchettes, de part et d'autre d'un bouchon dans la base duquel est enfoncée une épingle ; vous savez qu'en mettant cette épingle sur une pièce de monnaie, posée sur le goulot d'une bouteille, le système se maintient en équilibre et peut tourner facilement. Attachez à la queue de chaque fourchette un fil de fer, et suspendez-y par son anneau supérieur chacune des deux coquilles. Mettez dans les dés un peu d'ouate imbibée d'esprit-de-vin, suspendez-les au-dessous des coquilles, et assurez l'équilibre du système en plaçant, dans l'un ou l'autre dé, quelques grains de plomb de chasse. Voilà l'appareil prêt à fonctionner. Enflammez l'alcool contenu dans les dés à coudre ; au bout de quelques instants, l'eau contenue dans les coquilles entre en ébullition, et vous apercevez un filet de vapeur qui s'échappe par chacun des trous. Par suite de la réaction de la vapeur contre l'air, l'ensemble se met à tourner lentement d'abord, puis de plus en plus vite, pour ne s'arrêter que lorsque l'alcool est totalement consumé.

---

(1) A rapprocher de cette expérience celle du *bateau à vapeur*, 1re série, page 75.

IV. — LES MOUFLES

Un Enfant plus fort que quatre hommes.

Priez deux amateurs de tenir solidement le manche
d'un balai, et deux autres amateurs celui d'un
second balai, les deux manches étant parallèles et à la
distance de 1 mètre l'un de l'autre. Attachez fortement,
à l'un de ces manches, l'extrémité d'une corde, puis
faites passer cette corde plusieurs fois autour des deux
manches (cinq fois par exemple, comme l'indique notre
dessin), en évitant d'en croiser les brins. Tenant entre
vos mains l'extrémité de cette corde, vous annoncez aux
personnes qui tiennent les balais que vous aller forcer

ces balais à se rapprocher l'un de l'autre, quelque résistance qu'elles opposent pour les tenir éloignés. Il vous suffira, pour cela, de tirer sur la corde, et l'effort que vous exercerez, multiplié par le nombre de brins, comme cela a lieu dans les moufles, vous permettra d'obtenir le résultat cherché.

Par contre, de même que dans une moufle, ce que vous gagnez en force, vous le perdrez en vitesse, et, pour rapprocher les amateurs de la distance de 1 mètre qui les sépare, il faudra qu'une longueur 5 fois plus grande de la corde, soit 5 mètres, ait passé par vos mains.

L'expérience que j'indique ici est très amusante à exécuter dans un salon, sur un plancher bien ciré; dans ce cas, la résistance des amateurs ne peut s'exercer qu'avec difficulté, ce qui permet à un jeune enfant, à une frêle jeune fille, de triompher des efforts des quatre hommes choisis parmi les plus vigoureux de l'assistance.

I. — LAMES LIQUIDES

Le Portique. — L'Anneau de fil.

RENEZ deux tiges de 15 centimètres de longueur (nous avons pris deux aiguilles à tricoter assez fines, comme on le voit sur notre dessin, mais on doit choisir plutôt des tiges de bois léger de 4 millimètres d'épaisseur). Ces deux tiges horizontales seront réunies à leurs extrémités par deux fils de soie verticaux, de façon à former un cadre rectangulaire. Un fil supérieur vous permettra de tenir le système suspendu, sans toucher à la tige du haut. Plongez le tout dans une cuvette contenant de l'eau de savon très forte et sortez lentement le cadre de la cuvette ; vous voyez ce cadre garni d'une mince lame d'eau de savon. On a fixé un fil de soie, non tendu, au tiers des fils latéraux à partir du bas, et un quatrième fil vertical attaché au milieu de ce dernier, et qui pend librement. Ces deux fils se collent contre la lame liquide, dans une position quelconque (*fig.* 1). Si maintenant vous crevez la lame, à l'aide d'un petit morceau de papier buvard, entre le fil transversal et la tige inférieure, le fil tiré brusquement vers le haut prendra la forme d'un demi-cercle. Vous avez ainsi le curieux aspect d'une porte en plein cintre, comme on le voit en pointillé à la figure 2 du dessin. Si vous tirez ensuite sur le fil qui pend librement au milieu, vous obtenez la demi-figure de deux arcades circulaires juxtaposées. Abandonnez le fil du milieu, et ces deux arcades disparaissent pour se transformer de nouveau en un demi-cercle.

Voici encore autre chose de plus simple. Arrondissez un fil de fer autour d'une bouteille et tordez-en les deux bouts ; vous avez ainsi un anneau avec un manche permettant de le tenir à la main. Trempez l'anneau dans l'eau de savon ; il en sort garni d'une lame, sur laquelle vous poserez un fil de soie, mouillé préalablement avec le liquide, et formant une boucle fermée par un nœud. Cette boucle a une forme quelconque, comme l'indique notre figure n° 3. Crevez la lame à l'intérieur de la boucle ; celle-ci prend immédiatement la forme d'une circonférence, comme l'indique en pointillé notre dessin.

L'Hélice.

Renez un des tubes en carton dans lesquels certains journaux vous sont expédiés, ou tout autre tube d'une longueur et d'un diamètre quelconques. Traversez ce tube par un fil de fer mince ; priez quelqu'un de le maintenir suivant l'axe du cylindre, puis ramenant le fil de fer sur lui-même, enroulez-le autour du tube, comme vous enrouleriez de la ficelle sur une bobine, en juxtaposant les spires du fil de fer. Après avoir fait huit ou dix tours, retirez l'appareil du tube, tordez en œillet le bout du fil de fer près de la dernière spire, puis placez l'extrémité du fil de fer parallèlement à la tige qui servait d'axe, et liez-la à cette tige, près de l'anneau qui sert de poignée, au moyen d'une ligature faite avec plusieurs tours de fil de fer très mince, mais en évitant de trop serrer pour que cette tige puisse glisser le long de la première. Notre dessin vous indiquera du reste le mode de fabrication mieux que des explications trop longues.

Terminez par un petit anneau la seconde tige qui est la tige mobile, tenez l'anneau de l'axe dans la main gauche et l'anneau de la tige mobile de la main droite. Je suppose que l'appareil soit dans la position représentée dans la figure en haut de notre dessin. En poussant la tige mobile, vous forcez l'hélice à s'ouvrir, et les différentes spires s'écartent de plus en plus les unes des autres. Si, avant cette manœuvre de la tige mobile, vous avez plongé toutes les spires dans un bol contenant de l'eau de savon et que vous écartiez doucement les spires en poussant la tige mobile, vous verrez chacune de ces spires garnies de minces lames d'eau de savon, reproduisant exactement la forme d'une surface hélicoïdale, et sur lesquelles les jeux de lumière produisent d'admirables irisations.

Vous pouvez modifier le pas de l'hélice en écartant ou rapprochant les spires sans que la membrane savonneuse se crève. L'effet produit est des plus curieux.

**Course des lames liquides dans un verre
de lampe.**

ES lames liquides sont soumises à une force élastique qui tend à les rendre le plus petites possible.
Prenez un verre de lampe de forme conique, c'est-
à-dire dont l'une des extrémités soit plus étroite que
l'autre. Mouillez avec de l'eau de savon tout l'intérieur
du verre, égouttez-le, puis trempez le gros bout dans
l'eau de savon, en tenant le verre vertical. Retirez-le
avec précaution, et vous verrez qu'une lame liquide

s'est formée près de l'extrémité que vous venez de tremper. Tenez le verre horizontalement, et vous voyez votre lame qui se met en marche d'elle-même jusqu'à ce qu'elle soit arrivée au petit bout du verre. En faisant ainsi plusieurs lames successives, vous les voyez se mettre en marche les unes après les autres, comme si elles cherchaient à s'attraper.

Danse électrique des Bulles.

OUS savons que les étoffes de laine telles que le molleton, la flanelle, le drap, etc., peuvent servir, s'ils sont bien secs, de support à une bulle de savon sans qu'elle se crève, et vous pourrez même, en hiver, lorsque vous aurez aux mains des gants de laine tricotés, jouer à la balle avec une autre personne, gantée comme vous, et vous renvoyer l'un à l'autre une bulle de savon, la main ouverte, recouverte du gant, servant de raquette.

Déposons plusieurs bulles sur une couverture de

laine posée sur la table, puis séchons au feu un morceau de papier fort que nous frotterons énergiquement avec une brosse un peu rude, afin de l'électriser. Plaçons notre papier ainsi électrisé au-dessus d'une des bulles ; nous verrons la bulle s'allonger et prendre la forme d'un œuf, puis, l'attraction électrique s'accroissant à mesure que vous approchez le papier (de $0^m,15$ à $0^m,20$, par exemple), vous la verrez quitter la table et s'élever jusqu'au papier, comme un ballon gonflé au gaz. En approchant le papier successivement des autres bulles, vous pouvez ainsi les mettre en mouvement les unes après les autres, et organiser une danse de bulles de savon des plus curieuses.

Les Anneaux colorés de Newton.

Pour exécuter cette expérience, il suffit de souffler une bulle, que nous poserons sur le bord d'un verre enduit du liquide glycérique, et d'examiner ses couleurs ou plutôt les merveilleux changements de couleurs auxquels elle se prête.

La lumière, en se polarisant sur l'enveloppe de cette bulle, y forme des zones colorées étudiées déjà par Newton, mais qu'il est très difficile d'observer si l'on n'en a pas une grande habitude. Voici comment vous y arriverez facilement. Placez d'un côté de votre bulle, à 80 centimètres environ, une bougie allumée; de l'autre côté, à 10 centimètres, placez un écran en carton blanc. Vous voyez aussitôt se dessiner sur l'écran l'image de la bulle, et au bout de quelques instants viennent s'y peindre, comme par un pinceau magique, les anneaux colorés que nous voulons étudier; ils vous apparaîtront avec une très grande netteté.

Si vous opérez pour le public, remplacez l'écran opaque par une feuille de papier mince tendu sur un cadre, ou un morceau de papier à décalquer. L'image de la bulle sera ainsi observée par transparence, comme l'indique notre dessin.

Vous remarquerez que les anneaux colorés ne sont pas fixes, mais bien doués d'un mouvement de translation de haut en bas, c'est-à-dire du pôle supérieur de l'image au pôle inférieur. Une couleur remplace une autre couleur, mais le hasard n'est pour rien dans le phénomène. La succession a lieu dans un ordre constant et est surtout apparente au sommet de la bulle.

Lustre en bulles de savon.

ÉCOUPEZ une rondelle de pomme de terre, de l'épaisseur de deux doigts, et évidez-en le milieu de manière à en former un anneau massif. Trois épingles, piquées au pourtour, serviront à le suspendre par des fils au plafond ; à ces épingles seront aussi attachés trois fils soutenant une rondelle de carton sur laquelle vous poserez une bougie allumée. C'est cet ensemble que nous allons transformer en lustre, dans lequel nous verrons plusieurs flammes au lieu d'une seule. Soufflez, au bout d'une pipe à court tuyau, une bulle de savon de moyenne grosseur, dans laquelle vous prierez un fumeur d'injecter de la fumée de tabac ; la bulle prendra l'aspect d'un globe laiteux analogue aux globes en verre dépoli des becs de gaz. Enfoncez alors le bout du tuyau de la pipe dans l'épaisseur de l'anneau, de façon à boucher l'orifice du tuyau et à éviter le dégonflement de la bulle.

Faites de même pour cinq ou six autres pipes, que vous répartirez tout autour de votre lustre improvisé ; vous verrez alors la flamme de la bougie se réfléchir dans chacun de ces globes, en produisant un effet des plus gracieux.

Les Fleurs de neige.

ORSQU'UN nuage se forme dans un espace très froid, la vapeur d'eau, au lieu de se transformer en pluie, se condense à l'état solide, en donnant naissance à de petites aiguilles de glace qui s'accrochent les unes aux autres, pour tomber lentement à terre sous forme de *neige*. Les flocons de neige sont composés de petits cristaux en forme d'étoiles, présentant une régularité et une variété de formes merveilleuses. Elles présentent trois, six ou douze parties symétriquement disposées autour d'un axe ou d'un point, et faisant entre elles des angles égaux. Pour les observer, recevez la neige, par un temps froid et sec, sur du drap noir, la manche de votre habit, par exemple, vous distinguerez soit à l'œil nu, soit à la loupe, plusieurs centaines de formes différentes, dont notre dessin reproduit les plus curieuses.

Lorsque nos savants français allèrent en Laponie, en 1737, pour mesurer l'arc de méridien destiné à l'établissement de la longueur du mètre, ils virent l'atmosphère chaude et humide de leur chambre se transformer en neige lorsque, en ouvrant la porte, ils laissaient pénétrer l'air extérieur.

Sans monter dans un nuage, sans aller en Laponie, nous pouvons nous donner le joli spectacle de la formation des étoiles de neige. Soufflons une bulle de savon au dehors, par un temps très froid ; nous verrons aussitôt de petites aiguilles se former dans la mince pellicule d'eau, et s'implanter les unes dans les autres en prenant les diverses dispositions que je mentionnais tout à l'heure.

Les trois Bulles soufflées l'une dans l'autre.

IL existe un certain nombre de formules pour fabriquer un liquide permettant d'obtenir des bulles de savon de grande dimension et ne se crevant qu'au bout d'un temps assez long. Ne pouvant les rappeler ici, je renvoie le lecteur à la formule très simple que j'ai indiquée dans les *Cent expériences de Science Amusante, 1ʳᵉ série*. — Ce liquide peut du reste s'acheter tout fait. Quant à l'instrument nécessaire pour le soufflage des bulles, j'emploie un tube de cuivre provenant d'une tringle à rideaux dite à coulisse; ce tube fournit les petites bulles. Si nous plaçons au bout une rondelle de bouchon percée d'un trou, les bulles pourront être plus grandes, car elles auront la base du bouchon comme surface de soutien ; un bouchon plat à moutarde permettra de les avoir encore plus belles. Pour les bulles de grande dimension, prenez une petite trompette d'enfant comme celle indiquée sur notre dessin. Elle vous permettra de souffler des bulles ayant jusqu'à 30 centimètres de diamètre et contenant plus de 13 litres d'air !

Si je ne mentionne pas la pipe de terre, c'est qu'elle est trop fragile et surtout que, la section du conduit étant très faible, le soufflage d'une bulle un peu grosse est beaucoup trop lent. Ces observations s'appliquent non seulement à notre expérience ici décrite, mais encore aux autres expériences sur les bulles de savon.

Et maintenant, voici comment vous pourrez souffler trois bulles de savon l'une dans l'autre : versez un peu du liquide savonneux dans une soucoupe, au milieu de laquelle vous placez debout un bouchon ordinaire. Prenez ensuite une petite poupée en porcelaine, comme celles que l'on met dans les galettes des rois ; faites-la tenir debout au milieu d'une pièce de 5 francs, sur laquelle vous collerez ses pieds avec un peu de cire à cacheter ; avec une goutte de cette cire vous collerez sur sa tête une petite rondelle de carton de 1 centimètre de diamètre. Ceci fait, posez sur le bouchon la pièce portant le petit bonhomme, après avoir bien mouillé, avec le liquide, les bords de la soucoupe, le bouchon, la pièce, la poupée et la rondelle qu'elle porte sur sa tête. Vous placerez la soucoupe sur un verre à pied, pour que les spectateurs puissent mieux voir l'expérience.

Trempez bien, dans le liquide de la soucoupe, le pavillon de la trompette, puis, amenant celui-ci au-dessus du bonhomme, le tuyau de la trompette étant vertical, soufflez votre première bulle. Elle ne se crèvera pas au contact des objets placés dans la soucoupe, qui sont mouillés du même liquide que celui dont elle est faite, et elle descendra le long du bonhomme jusqu'à la pièce de 5 francs, puis le long du bouchon jusqu'à la soucoupe, et viendra s'arrêter aux bords de cette dernière. Cessez de souffler lorsqu'elle aura atteint de 15 à 20 centimètres de diamètre. Voici pour la première bulle, la bulle extérieure. Prenez maintenant le tube de cuivre, trempez-le bien dans le liquide du flacon de façon à le mouiller sur presque toute sa longueur, et introduisez hardiment son extrémité dans la grande bulle, *qui ne se crèvera pas.* Prenez du liquide dans la soucoupe, et soufflez la seconde bulle au-dessus de la tête de la poupée ; arrêtez-vous lorsqu'elle s'attachera au pourtour de la pièce de 5 francs et qu'elle aura atteint 8 centimètres environ de diamètre. Le petit personnage vous apparaîtra ainsi enfermé dans une double cloche de verre. Retirez doucement votre tube, mouillez-le dans le flacon, traversez avec son extrémité les deux bulles déjà existantes, et soufflez une toute petite bulle, de 2 à 3 centimètres, qui doit rester sur la rondelle, si votre appareil est bien d'aplomb.

Éteindre une bougie avec une bulle de savon.

’AI indiqué, comme ustensiles servant à souffler les bulles de savon, un tube de cuivre provenant d'une tringle à rideau, dite tringle à coulisse, et une petite trompette de jouet d'enfant, dont on a enlevé la musique. Mais il est un autre ustensile qui nous permettra de souffler des bulles encore plus belles, des bulles monstrueuses, ayant de 30 à 40 centimètres de diamètre, et contenant de 12 à 30 litres d'air ! Cet ustensile n'est autre que le vulgaire entonnoir en fer-blanc qui se trouve dans tous les ménages. Versez votre eau de savon dans un bol assez large pour que les bords de l'entonnoir plongent bien dans le liquide ; levez l'entonnoir doucement, en le tenant bien vertical, de façon à ne pas crever la lame savonneuse qui s'est formée à son ouverture, et soufflez la bulle à pleins poumons, en ne vous arrêtant que juste le temps nécessaire pour reprendre votre souffle.

Pour conserver à la bulle ses dimensions, il faut boucher avec le doigt le petit orifice de l'entonnoir ; autrement, par suite de son élasticité, la bulle se dégonfle en chassant, par le tuyau, l'air qu'elle contient.

Il vous est facile de vous rendre compte de la force avec laquelle la membrane savonneuse chasse l'air qui gonflait la bulle ; approchez le petit trou de l'entonnoir de la flamme d'une bougie, vous la verrez vaciller, pâlir, puis s'éteindre.

La Fleur qui s'ouvre et se ferme.

ONSERVEZ la soucoupe et le bouchon qui nous ont servi pour l'expérience des trois bulles de savon l'une dans l'autre.

Prenez maintenant une feuille de papier d'étain, enlevée à une tablette de chocolat, et frottez-la avec l'ongle sur la table de façon à faire disparaître tous les plis. Cela fait, tracez sur le papier d'étain une rosace à six branches, en réservant au milieu un petit cercle ayant le même diamètre que le bouchon. La rosace sera inscrite dans un cercle de 8 à 10 centimètres de diamètre; vous la découperez avec des ciseaux, et, après l'avoir mouillée dans le liquide savonneux de la soucoupe, vous poserez son centre sur le bouchon, les branches de la rosace retombant tout autour, comme l'indique la figure placée à la partie antérieure de notre dessin. Soufflez maintenant une bulle de savon, en l'approchant du centre de la rosace. Elle y adhérera aussitôt, et, à mesure qu'elle grossit, elle glissera le long des branches de la rosace, qui se relèveront en figurant les pétales d'une fleur (figure de droite), obéissant à la traction opérée par la membrane élastique de la bulle. Au lieu d'un bouchon, vous pouvez employer une longue épingle traversant le centre de la rosace; la raideur du papier d'étain lui permettra de se maintenir très légèrement convexe, jusqu'au moment où la bulle vient retourner les bras de la rosace et leur donner la forme concave. Si l'épingle se termine par un bijou, ce bijou sera emprisonné dans la bulle et ajoutera à l'effet artistique de cette jolie expérience.

Un fil de laiton flexible, piqué dans un bouchon, pourra aussi être employé comme support de la rosace, et permettra à notre fleur éphémère de se balancer sur sa tige.

Si maintenant, après avoir vu la fleur épanouie, vous désirez la voir fermant sa corolle, introduisez dans la bulle l'extrémité du tube qui a servi à la souffler (n'oubliez pas de mouiller l'extérieur de ce tube), et aspirez doucement une partie de l'air qu'elle contient. La bulle se contracte aussitôt, et vous voyez les pétales s'arrondir de plus en plus en se rapprochant gracieusement les uns des autres, comme ceux d'une fleur qui, lassée par les feux du soleil, se refermerait le soir pour dormir.

Un Bal dans une bulle de savon.

Nous avons vu précédemment que l'on pouvait emprisonner, dans une bulle de savon, différents objets tels qu'une poupée en porcelaine ou un bouquet de fleurs de même substance. Mais ces objets étaient fixes et immobiles ; je vais maintenant montrer que nous pouvons faire danser de petits personnages à l'intérieur de la bulle de savon dans laquelle ils sont placés.

Prenez une règle d'écolier, dont vous couperez un bout d'environ 3 centimètres de longueur. Tordez en anneaux les deux extrémités d'un fil de fer fin un peu plus long que le plus grand morceau de la règle. Clouez les deux anneaux à chaque bout de ce grand morceau, puis passez verticalement le petit bout sous le fil de fer, en le poussant le long de la règle jusqu'à ce que le fil de fer soit bien tendu comme une corde à violon sur son chevalet. En pinçant la corde de fil de fer, elle donnera une note que vous modifierez en appuyant le doigt aux divers points de cette corde. Voilà pour la musique.

Taillez les danseurs et danseuses dans des bouchons ; si vous désirez les colorier, que ce soit avec des couleurs à l'huile, et faites-leur trois supports au moyen de petits bouts de fil de fer qui les rendront très mobiles, en piquant ces fils de fer dans le dessous des bouchons. Vous les poserez sur une rondelle de fer-blanc (fond de boîte de conserves ou couvercle de boîte à cirage), clouée par un de ses bords sur le haut du chevalet, comme le montre notre dessin. Trempez les personnages dans de l'eau de savon, mouillez avec ce liquide la rondelle de fer-blanc, sur laquelle vous poserez les danseurs, et soufflez une grosse bulle qui les enveloppera et se fixera sur les bords de la rondelle. Cette bulle sera la salle de bal, d'un éclat merveilleux.

Pincez la corde de votre violon ; les vibrations se transmettront à la plaque, sur laquelle les danseurs se trémousseront le plus follement du monde, et vous aurez ainsi, à peu de frais, le spectacle d'un bal pour lequel vous aurez fourni la salle, les danseurs et les violons.

La Pomme dans le sac.

OICI une nouvelle formule, pour l'eau de savon, qui m'a donné d'excellents résultats.

Faites dissoudre 20 grammes d'oléate de soude pur et frais (20 centimes chez tous les droguistes) dans un demi-litre d'eau à 50° environ. Ajoutez 30 grammes de glycérine pure, versez le tout dans une bouteille d'un litre et achevez de remplir avec de l'eau distillée ou, à son défaut, de l'eau de pluie. Bien boucher et garder dans un endroit frais. Au bout de huit jours, le liquide est prêt à servir. Il faut ne verser dans le bol que la quantité nécessaire aux expériences et ne pas le reverser ensuite dans la bouteille, car il finit par s'altérer au contact de l'air. Vous pouvez mettre le liquide ayant servi aux expériences d'amateur dans un autre flacon, il fera encore la joie de la jeunesse. L'oléate de soude peut être remplacé par un poids égal de savon blanc de Marseille, mais aucun savon de toilette, si célèbre qu'il soit, ne saurait convenir.

Aux expériences sur les bulles intérieures, publiées précédemment, vous pourrez joindre la suivante :

Suspendez à un anneau de fil de fer, bien mouillé avec le liquide savonneux, une bulle ordinaire ; enlevez avec le doigt la gouttelette d'eau qui vient perler à la partie inférieure ; introduisez le bout du tube à travers la membrane de l'anneau et soufflez une seconde bulle qui tombera au fond de la première et y restera comme une pomme au fond d'un sac. Pour que la bulle intérieure ne fasse pas crever la première, il faut qu'elle soit le plus légère possible ; pour cela, après avoir plongé le tube dans le liquide, secouez bien ce tube pour enlever toute l'eau en excès ; vous éviterez ainsi la gouttelette qui viendrait alourdir la seconde bulle et provoquer l'éclatement de la bulle servant de sac.

La Sphère dans le cylindre.

ARRONDISSEZ en anneau un fil de fer autour d'une bouteille, et tordez les deux bouts afin d'avoir un manche vous permettant de tenir l'anneau à la main. Faites un second anneau de même diamètre, mouillez-les tous deux avec l'eau de savon (oléate de soude et glycérine) qui nous a déjà servi pour nos précédentes expériences, et soufflez une bulle de façon qu'elle vienne en contact avec les deux anneaux tenus parallèlement, comme le montre notre figure de gauche. Transformez la bulle en cylindre, en écartant douce-

ment les anneaux l'un de l'autre, arrêtez-vous lorsque
la surface du cylindre commence à devenir concave, et
priez quelqu'un de mouiller dans l'eau de savon le tube
qui a servi à souffler la première bulle, d'introduire le
bout de ce tube à travers la membrane qui tapisse l'anneau supérieur, et de souffler doucement, très doucement, une seconde bulle à l'intérieur de la première,
transformée en cylindre. Vous verrez le cylindre se
renfler peu à peu et la bulle s'approcher de plus en
plus de sa surface.

Lorsque cette bulle touche le cylindre, détachez-la
par une petite secousse donnée au tube, retirez ce tube
avec précaution, et votre bulle restera suspendue entre
les deux anneaux, comprimée par la surface cylindrique; en écartant les anneaux l'un de l'autre, vous
allongerez le cylindre qui, diminuant de diamètre, pres-
sera la bulle et lui donnera la forme d'un œuf; rapprochez au contraire les anneaux l'un de l'autre, le cylindre s'élargira, et la bulle, ne se trouvant plus soutenue,
descendra sur la membrane de l'anneau inférieur; bulle
et cylindre crèveront alors aussitôt.

Bulles de savon roulant l'une dans l'autre.

E viens de montrer qu'on pouvait souffler une
bulle sphérique dans une autre bulle transformée en cylindre ; les parois du cylindre pressaient
suffisamment contre la surface de la bulle sphérique
pour l'empêcher de descendre sous l'action de la
pesanteur.

Il se passe, dans ce cas, un fait extraordinaire ; si
pressées l'une contre l'autre que soient les deux bulles,
si voisines que soient leurs membranes, puisque l'œil

n'aperçoit pas entre elles le moindre espace libre, ces deux bulles *ne se touchent pas.*

Comme mes lecteurs ne sont pas forcés de me croire sur parole, je vais leur indiquer une expérience qui leur prouvera que deux bulles, s'appuyant l'une contre l'autre, ne sont pas réellement en contact.

Faites un cylindre vertical, à l'aide de deux anneaux, comme dans l'expérience que je viens de rappeler, et faites tenir les deux anneaux par quelqu'un de l'assistance, mais en le priant de les placer verticalement, ce qui donne au cylindre la position horizontale.

Si la distance des anneaux ne dépasse pas trois fois leur diamètre, le cylindre conservera sa forme malgré cette position.

Introduisez, à travers la surface cylindrique, l'extrémité de votre tube, et soufflez une petite bulle que vous détacherez par un petit coup sec donné sur le tuyau ; elle descendra se poser mollement, sans se crever, sur la surface du cylindre.

Priez alors la personne qui tient les anneaux d'incliner légèrement le cylindre, comme le montre notre figure, et vous verrez la petite bulle *rouler* à l'intérieur du cylindre, le long de la pente, comme le ferait une bille dans un verre de lampe, démontrant ainsi qu'elle n'offre, avec la surface cylindrique, aucun point de contact réel, bien que les deux surfaces soient posées l'une contre l'autre.

I. — TRACÉS

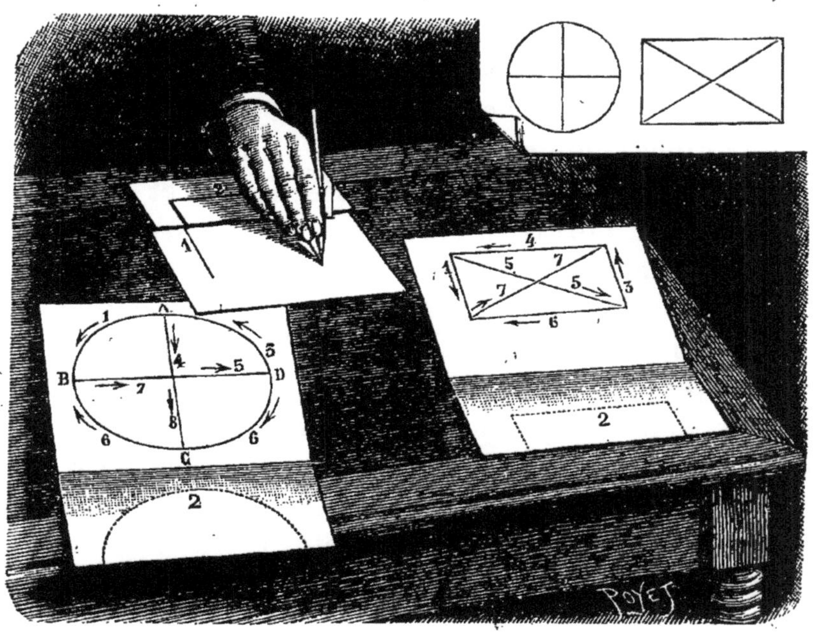

Le Rectangle et ses Diagonales.

RACER, sur une feuille de papier, un rectangle et ses deux diagonales, voilà qui n'est pas bien difficile, mais si je vous demande de le tracer d'un trait de crayon continu, c'est-à-dire sans que la pointe du crayon quitte le papier, voilà qui vous fera chercher plus longtemps... et même toujours, car le problème est impossible à résoudre. Un petit subterfuge bien simple vous permettra à vous, lecteur de la *Science Amusante*, de réussir là où vos amis auront échoué.

Pliez le bas de votre feuille de papier, et tracez le premier côté vertical du rectangle, moitié sur le recto de la feuille, moitié sur le verso ; tracez le côté horizontal 2 entièrement sur le verso ; remontez pour tracer le côté 3, moitié sur le verso, moitié sur le recto ; à ce moment, vous pouvez remettre à plat votre feuille et terminer facilement le tracé de la figure, tel qu'il est indiqué en détail sur notre dessin et en suivant exactement l'ordre indiqué par les chiffres et le sens indiqué par les flèches.

Vous pouvez aussi proposer de tracer un cercle et ses deux diamètres perpendiculaires l'un à l'autre, toujours au moyen d'un trait continu. La figure de gauche du dessin vous indique la marche à suivre : le quart de cercle 1 est tracé sur le recto, le demi-cercle 2 sur le verso et le quart de cercle 3 sur le recto ; remettez la feuille à plat et tracez sur le recto les rayons 4 et 5, le demi-cercle 6 et les rayons 7 et 8. On peut varier de bien des manières les petits problèmes de ce genre.

La Normale à l'ellipse.

On sait que, géométriquement, la normale à l'ellipse est la bissectrice entre les deux rayons vecteurs, c'est-à-dire les deux lignes joignant les foyers à un point quelconque de la courbe. Pour tracer pratiquement cette bissectrice, il va donc nous suffire de constituer les rayons vecteurs par un cordeau dont les extrémités seront fixées au foyer. A la réunion de ces deux rayons, plaçons une chape G à poulie dans le haut de laquelle nous ferons passer une autre corde G; si nous exerçons une tension sur cette corde, cette tension se répartira également entre les fils FF; par suite, la résultante mécanique prendra la direction G, en prolongement de la bissectrice de l'angle formé par les brins FF, et cette direction est précisément la normale à l'ellipse que nous cherchions. Voilà un moyen rapide et précis que je recommande à mes camarades les ingénieurs pour l'appareillage des joints d'une voûte ou d'un arc elliptique, surtout lorsque ces joints sont nombreux comme c'est le cas avec la brique.

Construction de la chape. La chape C, dont la moitié seule est figurée sur notre dessin de détail, se découpe dans un couvercle de boîte à sardines ; on le rabat à angle droit suivant les lignes C D et A B ; les trois trous se font avec un clou.

Poulie. On la fabrique au moyen d'une bobine dont on coupe le milieu et dont les deux bouts sont collés ensemble. L'axe sera un cylindre de bois (manche de porte-plume, crayon, etc.) traversant les trous T de la chape.

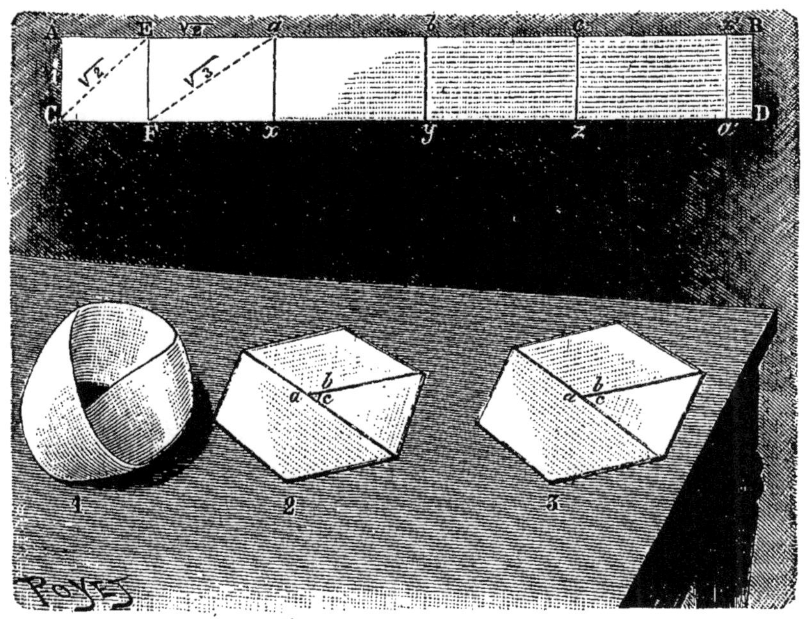

Construire d'un coup de poing un hexagone régulier.

OLLEZ ensemble les extrémités d'une bande de papier, de façon à obtenir une bande sans fin, mais en donnant à l'un des bouts, avant de le coller, une demi-torsion ; vous obtenez ainsi un bracelet de papier ayant l'aspect de la figure 1 de notre dessin. Si vous pressez ce papier à plat sur la table, vous formerez instantanément un hexagone plus ou moins régulier (*fig. 2*). Avec ce procédé si simple, vous pourrez, en calculant d'avance la longueur de la bande, obtenir l'hexagone régulier, dans lequel les points $a\,b\,c$ de la figure 2 coïncideront de façon à ne plus avoir de vide au milieu du polygone. Il suffit, pour cela, de prendre une bande de papier de 5 centimètres de largeur sur 26 centimètres de longueur, plus 1 centimètre, par exemple, pour le recouvrement de la partie collée. Donnez à un de vos amis la bande toute préparée, en le priant de l'aplatir sur la table d'un coup de poing; il sera tout surpris de voir qu'il a, d'un seul coup, construit une figure rigoureusement géométrique.

Nota. — Il est évident que vous pouvez opérer avec une largeur de papier quelconque, pourvu que la longueur soit proportionnelle; il suffit de se rappeler que le pourtour de l'hexagone régulier est égal à la largeur de la bande multipliée par le nombre $3\sqrt{3}$. Comme $3\sqrt{3}$ est égal à 1,7321, c'est donc par 5,1963 qu'il faut multiplier la largeur du côté. — Vous pouvez, du reste, opérer sans aucun calcul, et par le simple pliage de la bande de papier, en faisant la construction représentée en haut de notre dessin.

Soit la bande ABCD. Plions-la suivant la ligne CE, puis suivant EF. Nous avons le carré ACEF, dans lequel CE est égale à $\sqrt{2}$, en supposant la largeur de la bande égale à 1. Portons le pli CE sur EB; le point C arrive en a. Marquons ce point, et plions le papier suivant Fa. En vertu du théorème du carré de l'hypoténuse, on a : $Fa = \sqrt{2}$. Nous n'avons donc qu'à porter 3 fois cette longueur sur la ligne a B, en $a\,b$, $b\,c$ et $c\,x$;

la longueur $a\,x$ est égale au pourtour de l'hexagone, car elle est égale à $AC \times 3\sqrt{3}$. Plions la bande suivant $a\,x$, $b\,y$, $c\,z$ et $x'a'$ en laissant le petit rectangle $x'\,B\,a'\,D$ pour recevoir la colle ; coupons le papier suivant $a\,x$, collons les deux bouts en donnant un demi-tour à l'un d'eux, de façon que x' coïncide avec x, et a' avec a ; et voilà notre bande prête à nous fournir, par son écrasement, l'hexagone régulier représenté au n° 3 de la figure.

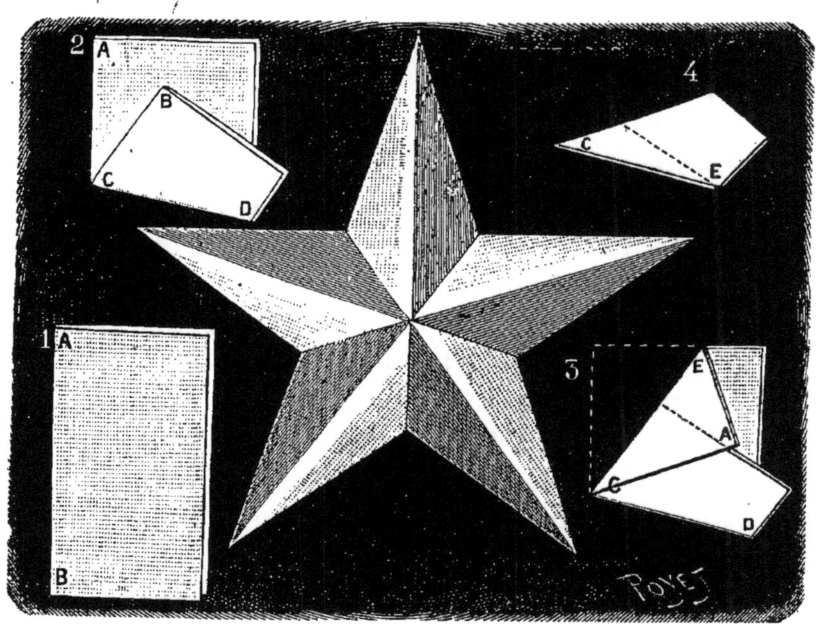

D'un seul coup de ciseaux en ligne droite, découper une étoile à cinq branches.

Nous avons précédemment appris la manière d'obtenir l'ombre de l'étoile à cinq branches (1); aujourd'hui, je vais montrer comment l'on peut obtenir la forme exacte de l'étoile à cinq branches, et cela d'un seul coup de ciseaux donné en ligne droite dans un morceau de papier plié de la manière suivante :

Prenez une feuille de papier à lettre double, en plaçant à gauche le pli A B (*fig. 1*).

---

(1) Voir la *Science Amusante*, 2e série, page 153.

Pliez-la suivant la ligne C D (*fig.* 2), de façon que l'angle A C B soit la moitié de l'angle B C D ; vous y arriverez très vite par tâtonnement, en repliant la feuille suivant la ligne C E, qui n'est autre que la ligne C B prolongée de la figure 2. Votre feuille a alors l'aspect représenté figure 3. Pliez-la maintenant en deux suivant C A. Si la ligne C E vient sur C D, c'est que vous aurez bien exécuté le premier pliage de la figure 2 ; si elle vient en dehors ou en dedans, il faut modifier le premier pli C D. Lorsque vous voyez que vous êtes arrivé juste, et que la ligne C E vient exactement sur C D, comme le montre notre figure 4, donnez le coup de ciseaux suivant la ligne droite marquée en traits pointillés, et, en dépliant le papier, vous constatez que vous avez construit la jolie étoile à cinq branches représentée au centre de notre dessin.

Voilà, pour nos aimables lectrices, un moyen simple et rapide de découper des étoiles en papier doré, destinées à décorer leurs arbres de Noël.

Les sept Pentagones.

Nous avons déjà publié la manière de construire les principaux polygones réguliers, à l'aide d'un simple morceau de papier et sans l'usage d'aucun instrument de dessin. Je rappellerai, entre autres constructions de ce genre, celle du triangle équilatéral et de l'hexagone régulier, ainsi que la formation des pentagones réguliers convexe et étoilé (1).

Nous avons pu déterminer ainsi très exactement les

(1) Voir la *Science Amusante*, 2ᵉ série, pages 151 et 153.

angles de 120° (triangle équilatéral), 60° (hexagone) et 72° (pentagone), ce qui rendra de grands services en l'absence d'une boîte de compas que l'on n'a pas toujours sous la main.

Aujourd'hui, j'indiquerai une variante de la formation du pentagone régulier. Nous avions formé cette figure en faisant un simple nœud dans une bande de papier. Si nous répétons cinq fois de suite la même opération, en juxtaposant les nœuds faits avec la bande, nous obtenons sept pentagones, savoir : les cinq pentagones résultant des cinq nœuds de papier, un vide représentent un pentagone égal en surface à chacun des précédents ; enfin, le contour de tout cet ensemble, qui est lui-même un pentagone rigoureusement géométrique, dont la surface est égale à six fois la surface d'une des petites figures primitives.

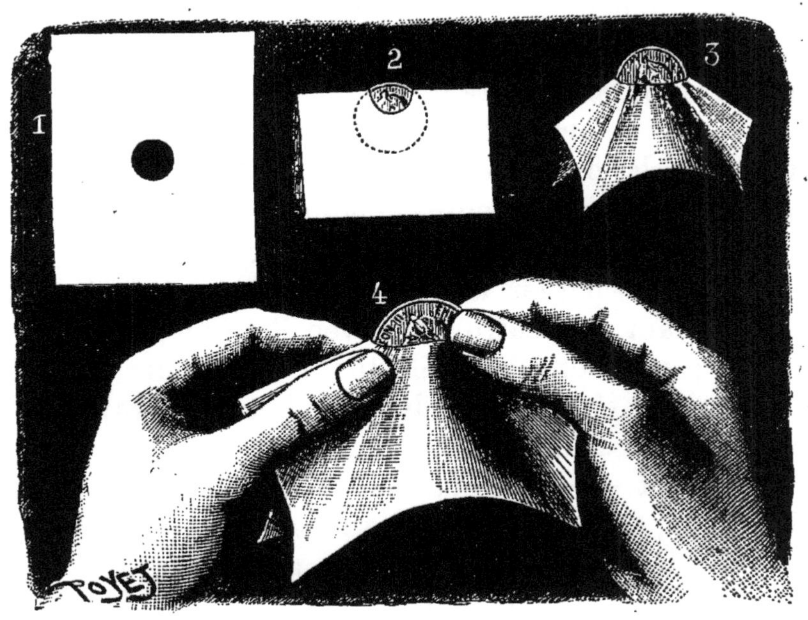

Faire passer une pièce de monnaie par un trou plus petit qu'elle.

Posez, sur une feuille de papier, une pièce de 50 centimes ; tracez-en exactement le contour avec la pointe d'un crayon, et découpez, avec des ciseaux, le cercle tracé. Vous aurez fait ainsi un trou par lequel la pièce de 50 centimes pourra tout juste passer.

Or, je vous propose de faire passer par ce même trou, et sans déchirer le papier, une pièce de 2 francs. Cela semble un peu plus difficile, n'est-ce pas, car la pièce de 50 centimes a un diamètre de 18 millimètres, tandis que le diamètre de la pièce de 2 francs est juste d'un tiers plus grand, car il a 27 millimètres de longueur. Comment faire ?

Pliez le papier suivant le diamètre du trou, comme l'indique la figure 2. Mettez à l'intérieur la pièce de 2 francs et saisissez entre le pouce et l'index de la main droite la partie qui passe par le trou. Cela fait, faites basculer le papier à l'aide de la main gauche, en le maintenant de l'autre côté avec l'annulaire de la main droite ; par suite de l'élasticité du papier, les deux demi-circonférences qui bordent le trou se rapprochent d'une ligne droite, et, à un certain moment, l'élargissement est suffisant pour livrer passage à la pièce de 2 francs, que vous retirerez sans aucune difficulté, ayant ainsi résolu un problème géométrique qui semblait tout d'abord insoluble.

La Danseuse de corde.

A géométrie nous apprend que, si nous faisons rouler un cercle à l'intérieur d'un autre dont le diamètre est double de celui du premier, un point quelconque de la circonférence du petit cercle décrira, pendant ce mouvement, une ligne droite qui est un diamètre du grand cercle. Cette curieuse propriété a été appliquée en mécanique à l'*engrenage de Lahire,* qui permet d'animer une pièce d'un mouvement de va-et-vient rectiligne.

Voici une petite construction destinée à nous la démontrer d'une façon originale.

Dans un morceau de carton, un grand calendrier, par exemple, découpons un cercle de 30 centimètres et un autre cercle de 15 centimètres de diamètre. Piquons une aiguille à coudre au bord du petit cercle plein, et faisons-le rouler dans le vide laissé par le grand. Il s'agit de prouver que l'aiguille décrit une ligne droite, qui n'est autre chose que le diamètre du grand cercle. Pour cela, traçons sur le calendrier un diamètre du grand cercle que nous prolongeons en dehors ; de part et d'autre du cercle, piquons deux aiguilles à coudre enfilées par un fil que nous tendons horizontalement comme une corde raide, en lui faisant traverser le carton et en terminant chaque extrémité par un nœud collé avec de la cire.

Nous avons ainsi une ligne horizontale, se projetant exactement suivant le diamètre du grand cercle. (Remarquons que la tête de l'aiguille mobile n'est pas traversée par le fil horizontal). En faisant rouler le cercle plein dans le cercle creux, nous constatons que la tête de l'aiguille reste appliquée contre le fil, le long duquel elle va et vient sans jamais le quitter. Pour rendre la démonstration plus gracieuse, collons contre la tête de l'aiguille, à l'aide d'un peu de cire, le pied d'une petite danseuse de corde découpée dans une carte de visite, et nous la verrons parcourir la corde raide, se retournant pour marcher en sens inverse, en décrivant constamment, à l'aller et au retour, le diamètre du grand cercle.

Les Ombres inverses.

ÉCOUPEZ, dans un morceau de carton, une roue circulaire munie de larges dents sur son pourtour, et traversez le centre de cette roue par une épingle que vous enfoncerez dans une règle de bois tenue verticalement. Allumez deux bougies placées sur la table environ à 1 mètre l'une de l'autre et toutes deux à égale distance du mur. Si vous tenez la roue parallèle au mur, de façon qu'elle y projette deux ombres circulaires, et que vous la fassiez tourner autour de l'épingle, vous verrez les ombres tourner aussi, toutes deux dans le même sens que la roue de carton, comme l'indiquent les flèches dans la petite figure de gauche de notre dessin.

Jusqu'ici, rien que très naturel. Mais voici le problème que je vous propose : c'est de *faire tourner les deux ombres de la roue en sens inverse l'une de l'autre*.

Beaucoup de mes lecteurs chercheraient longtemps la solution, j'en suis sûr, si je ne la leur indiquais de suite : placez votre roue, non plus parallèlement mais perpendiculairement au mur, et, en l'éloignant plus ou moins du mur, vous trouverez par tâtonnement la position où les ombres, au lieu de se projeter suivant deux ellipses plus ou moins aplaties, prennent de nouveau, comme tout à l'heure, la forme circulaire. Si à ce moment vous faites tourner la roue de carton, vous constaterez que ces deux ombres circulaires tournent en sens inverse l'une de l'autre. Cette curieuse expérience vient nous rappeler l'existence, dans un cône oblique à bases circulaires, de deux sortes de sections qui sont des cercles ; les unes, comme dans notre premier cas, sont les sections parallèles à la base ; les autres, celles du second cas, sont appelées sections *antiparallèles*.

La roue de carton a figuré alternativement pour nous l'une et l'autre de ces sections, la flamme de chaque bougie représentant le sommet d'un cône dont l'ombre correspondante a été la base.

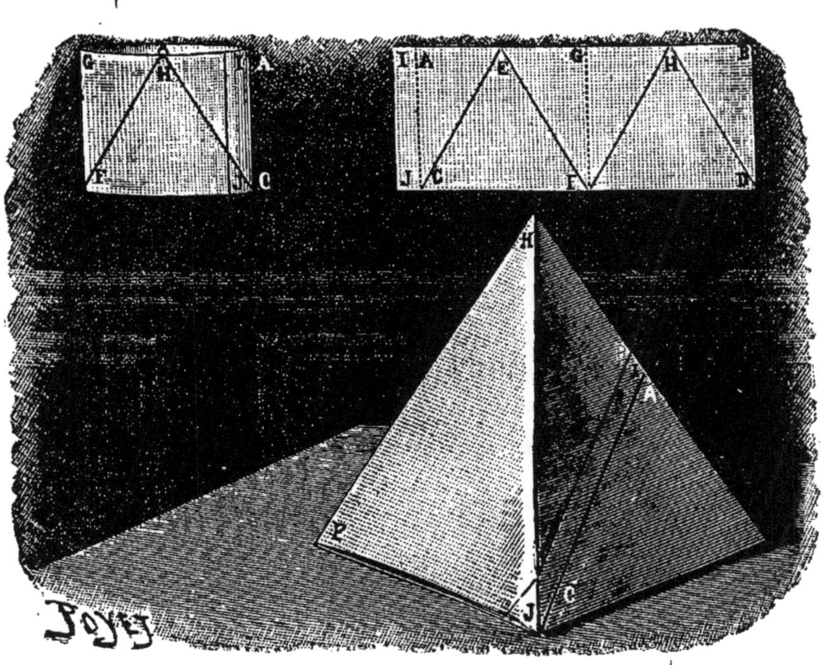

Cylindre se transformant en pyramide.

PRENONS une bande de papier ABCD, en laissant en plus une bande IJ de 0^m,01 pour le collage. Collons BD sur IJ, de manière que les bords AC et BD se confondent. Nous avons ainsi un anneau de papier ayant la forme d'un cylindre.

Aplatissons le cylindre en le pliant suivant les lignes AC et GF. Marquons le point E, milieu de AG, et le point H, milieu de GB. Plions le papier suivant les lignes CE, FE, FH et DH. Nous avons ainsi quatre triangles, qui forment les quatre faces d'une pyramide appelée *tétraèdre*. Si nous voulons que le tétraèdre soit régulier, les triangles devront être des triangles équilatéraux.

Il nous sera facile, étant donnée la largeur de la bande de papier, de savoir quelle devra être sa longueur pour que la pyramide soit un tétraèdre régulier.

En effet, le théorème du carré de l'hypoténuse nous donne, en appelant x le côté d'un des triangles et a sa hauteur, c'est-à-dire la largeur de la bande :

$$\overline{CE}^2 = \overline{AE}^2 + \overline{AC}^2 \quad \text{ou} \quad \overline{CE}^2 = \left(\frac{CE}{2}\right)^2 + a^2.$$

D'où
$$CE = a\,\frac{2}{\sqrt{3}}.$$

Or la bande a pour longueur

$$2CE = \frac{4a}{\sqrt{3}} = a \times \frac{4}{1,7321}.$$

Il suffira donc de multiplier la hauteur de la bande par le nombre 2,308 qui est égal à $\dfrac{4}{\sqrt{3}}$.

Pour une hauteur de bande de $0^m,10$, par exemple, la longueur sera de $0^m,2308$, plus $0^m,01$ pour le collage.

**Rectangle changé en carré, en deux coups
de ciseaux.**

Tracez, sur une carte de visite, une ligne A B joignant le point A situé à l'extrémité de gauche
du long côté A C à un point B quelconque situé sur
le côté opposé.

Du point C, extrémité de droite de A C, abaissez une
perpendiculaire sur cette ligne A B. Il faut que le
point B soit placé de telle sorte que les deux lignes
A B et C D aient la même longueur.

On pourrait le déterminer mathématiquement du

premier coup, mais vous y arriverez plus vite par tâtonnement, en reculant B vers la droite ou vers la gauche, selon que A B sera plus courte ou plus longue que C D.

Pour cette recherche de la position de B, vous pouvez faire passer par A et par C les deux côtés de l'angle droit d'une équerre, tracer le long de ces côtés les lignes A D et C D, prolonger A D jusqu'en B, et recommencer jusqu'à ce que B ait la position voulue.

Il ne vous reste plus qu'à donner les deux coups de ciseaux suivant A B et C D; vous découpez ainsi la carte en trois morceaux, que vous assemblez, comme l'indique notre dessin, pour former un carré parfait.

L'Enveloppe maximum dans un rectangle.

ÉTANT donnée une feuille de papier rectangulaire, la transformer en une enveloppe de lettre la plus grande possible.

Tel est le petit problème que je vous propose de résoudre, et dont notre dessin indique la solution.

Inscrivez d'abord, dans la feuille de papier, un rectangle EFGH, de façon à avoir tout autour une marge de largeur uniforme.

Marquez les points C et B, milieux des petits côtés

HG et EF, et cherchez sur les grands côtés les points A et B tels que les angles CAB et CDB soient droits. Vous obtiendrez de suite ces positions de A et de B au moyen d'une équerre, d'un rectangle quelconque, livre, carte de visite, etc.

Tracez le rectangle ACDB, pliez-le suivant les lignes AC, CD, DB, BA, et vous constaterez que vous avez ainsi deux feuilles de papier se recouvrant exactement, et par conséquent pouvant former une enveloppe, la ligne CH venant se rabattre en CI, et la ligne BF en BJ, comme l'indiquent les lignes pointillées de la figure.

Quant au bord formant la marge, il nous servira à coller les quatre plis, dont nous raccorderons les angles au moyen d'échancrures arrondies découpées aux quatre sommets du rectangle ABDC. Nous couperons aussi en rond les coins du papier aux quatre angles du rectangle EFGH. Nous aurons ainsi, grâce à cette construction très simple, l'enveloppe de surface maximum que nous désirons obtenir.

VI. — JEUX DE CASSE-TÊTE

Carré casse-tête.

N carré de papier peut être transformé, avec trois coups de ciseaux, en un casse-tête original qui fera chercher bien longtemps ceux de vos amis à qui vous le proposerez. Comme tracé, rien de plus simple. Prenez le milieu E du côté B A, le milieu H du côté B D, et tracez les lignes C E, E H et H C. Coupez le papier suivant ces trois lignes, mélangez les quatre triangles ainsi obtenus, et priez un amateur de les remettre en place de façon à reconstituer le carré primitif. Vous serez surpris du temps qu'il mettra à trouver la place de ces quatre morceaux, et cela pour construire une figure aussi régulière qu'un carré.

Voici un autre casse-tête du même genre, qui s'explique sans avoir besoin de dessin. Traversez un carré par une ligne rencontrant obliquement deux des côtés parallèles; tracez une ligne perpendiculaire à la précédente et rencontrant les deux autres côtés parallèles. Découpez le carré suivant ces deux lignes; vous obtenez quatre quadrilatères qu'il sera fort difficile de remettre en place pour reformer le carré primitif. La difficulté vient de ce que chaque quadrilatère possède deux angles droits, ce qui déroute longtemps le chercheur.

Les quatre Z et les quatre L.

RACEZ sur du papier fort ou sur du carton, à l'aide d'une règle d'écolier, sept lignes parallèles et à égale distance les unes des autres. Avec la même règle, tracez, perpendiculairement aux premières, sept autres lignes parallèles et équidistantes.

Vous avez ainsi tracé un carré divisé en trente-six petits carrés égaux.

Découpez le contour de ce grand carré, et tracez à l'encre les lignes figurées en lignes pleines sur la figure de droite de notre dessin, le pointillé indiquant les lignes au crayon.

Vous voyez qu'il s'agit de tracer huit figures dont quatre ont la forme d'une L majuscule, ét dont les quatre autres représentent, avec un peu de bonne volonté, la forme du Z. Découpez ces huit figures, mélangez-les, et priez un amateur de les mettre en place de façon à reconstituer le carré primitif.

Le Homard géométrique.

E crustacé que nous servons aujourd'hui aux amateurs de casse-têtes se compose de dix-sept morceaux; il s'agit d'assembler ces morceaux de façon à construire un carré d'un côté et un cercle de l'autre.

Pour cette construction, il vous suffira de suivre les indications de la figure ci-contre.

Quant au tracé, que chacun pourra faire lui-même, il est des plus simples.

Tracez, sur du papier fort, un cercle de 4 centimètres de rayon. Menez les diamètres horizontal et vertical AE et GF.

Marquez les points B et D, milieu de AC et de CE. Tracez les quatre lignes GB, GD, FB, FD, puis la verticale HI, passant par D. Voilà le cercle qui se trouve ainsi divisé en dix morceaux. Pour le carré, composé de sept pièces, voici comment il faut le construire. Ce carré ABCD a 6 cent. 1/2 de côté. Tracez la diagonale CB, la ligne FI qui joint les milieux des côtés CD et BD, puis la diagonale AD, mais en l'arrêtant en K à sa rencontre avec FI; joignez le point de rencontre K avec J, milieu de EB; enfin, joignez F à G, milieu de CE.

Découpez le cercle et le carré suivant ces lignes de division, et priez un amateur de construire, avec les dix-sept morceaux, le homard, puis de reconstituer le cercle et le carré dont il est sorti. Vous pouvez découper le cercle et le carré dans du papier rouge, sur lequel, une fois le homard construit, vous tracerez les yeux du crustacé, les anneaux de sa carapace, etc. Des antennes en papier rouge feront aussi très bon effet. Je sais bien qu'elles appartiennent à la langouste, mais nous sommes ici dans le domaine de la fantaisie.

Le Casse-Tête de l'*Illustration*.

VEC une règle d'écolier, tracez au crayon, sur une feuille de carton ou de papier fort, douze lignes horizontales, puis douze lignes verticales coupant les premières ; vous obtenez ainsi cent vingt et un petits carrés dont l'ensemble forme un carré de $0^m,11$ de côté, par exemple, si la règle et par suite chaque petit carré ont $0^m,01$ de largeur.

Avec du papier quadrillé collé sur du carton, ce travail préparatoire se trouvera fait d'avance.

Cela fait, tracez à l'encre les contours des diverses pièces dont la forme est indiquée en détail sur le dessin ci-joint, en commençant par les carrés isolés 2, 3, 4 et 12, puis le rectangle 10 (deux carrés accolés) le rectangle 5 (trois carrés) et enfin les rectangles 3, 12 et 14 ayant 5 carrés de largeur. Les autres contours s'obtiendront ensuite aisément. Vous découperez le carton avec un canif suivant les lignes ainsi tracées à l'encre, et les morceaux, juxtaposés sur une table dans leur ordre numérique, comme l'indique le modèle en haut de notre dessin, vous donneront le mot L'ILLUSTRATION écrit en lettres de même hauteur et de même style, aucun morceau du grand carré ne restant sans emploi. (Les hachures indiquent les pièces qui doivent être retournées.)

Le mot une fois formé, mélangez les morceaux et priez un amateur de casse-tête de reconstituer le carré primitif.

La Montre-niveau.

L peut arriver que l'officier, le touriste, l'ingénieur, aient besoin, dans une excursion ou une reconnaissance, d'établir un nivellement, c'est-à-dire de déterminer la différence de niveau existant entre deux points du terrain qu'ils parcourent. L'officier, par exemple, désirera trouver la différence entre la position qu'il occupe avec sa batterie et celle qu'il devra occuper par la suite. Cette opération se fait très exactement avec des instruments appelés *niveaux*, dont il existe un grand nombre de types, mais je suppose que vous en soyez dépourvu.

Vous pouvez, dans ce cas, transformer votre montre en un niveau assez exact, par le moyen suivant : prenez une bande de papier un peu plus longue que le diamètre de votre montre, et pliez-en, à angle droit, les deux extrémités. Collez cette bande, avec un peu de salive, sur le verre de la montre, de façon que la ligne supérieure de la bande coïncide avec le diamètre des heures : IX-III.

Lorsque vous tiendrez votre montre suspendue par sa chaîne, le diamètre des heures : XII-VI sera dans la direction du fil à plomb, c'est-à-dire vertical, et les bords des deux bouts de la bande repliés à angle droit détermineront un plan exactement horizontal par lequel, en élevant la montre à hauteur de l'œil, vous pourrez faire passer un rayon visuel donnant, avec une approximation souvent très suffisante, la différence de niveau qu'on se proposait de déterminer. On se passe, dans ce cas, de la planchette divisée appelée *mire;* et il suffit de rapporter les divers plans de niveau sur des arbres, des maisons, des monuments qui sont dans le voisinage, dont on connaît la hauteur ou dont la hauteur peut être facilement calculée.

I. — RÉCRÉATIONS

L'Hélice-parachute.

RENEZ deux bandes de papier mince de 15 centimètres environ de long sur 1 ou 2 centimètres
de large. Tortillez-les ensemble sur une longueur de
10 centimètres, et inclinez légèrement à droite et à gauche les deux bouts de 5 centimètres restés libres, de
façon que l'ensemble représente la forme de la lettre Y
de l'alphabet.

Vous aurez ainsi construit, en moins d'un instant, un jouet d'un nouveau genre. Si vous le laissez tomber d'une fenêtre, par un temps calme, vous le verrez tournoyer sur lui-même, comme une hélice, dont l'axe serait vertical, et si rapidement que l'œil ne peut plus en distinguer les branches. Ce mouvement de rotation est imprimé à l'appareil par la résistance de l'air agissant sur les ailettes qui sont légèrement inclinées sur l'horizon; de plus cette résistance de l'air vient retarder l'accélération due à la pesanteur et diminuer la vitesse de la chute. Notre hélice est donc en même temps un parachute.

Dans un appartement, vous monterez sur une chaise pour pouvoir lâcher votre parachute le plus haut possible au-dessus du plancher.

Ce gracieux jouet, si simple à improviser, sera bien accueilli par les enfants, surtout si vous faites vos parachutes avec des morceaux de papier de différentes couleurs, et que vous les lanciez d'un point élevé, d'une fenêtre, par exemple, par un temps calme: les enfants, placés en bas, s'amuseront à attraper au vol les petites hélices, après les avoir vues, comme de légers papillons, tourbillonner dans l'espace en produisant l'effet le plus gracieux.

Les Dés roulants.

FAIRE rouler ensemble deux dés à jouer sur un plan incliné, telle est la petite expérience que je vous propose.

Mouillez légèrement une face de chacun des dés avec de la salive, et juxtaposez-les de façon que les angles se coupent également et symétriquement, les diagonales des faces juxtaposées faisant entre elles un angle de 45°.

Si vous colliez les dés en faisant coïncider exactement deux de leurs faces, ils ne rouleraient que sur quatre arêtes, ce qui vous forcerait à donner au jeu de trictrac, qui vous sert de plan incliné, une pente assez forte.

En accolant au contraire vos dés comme je viens de l'indiquer, l'ensemble roulera sur huit arêtes et non plus sur quatre. En mettant trois dames superposées sous un côté du jacquet, et en imprimant à celui-ci un léger mouvement initial, les dés parcourront aisément en roulant toute sa longueur.

La salive fait adhérer les deux faces du dé. Vous les mouillez, bien entendu en secret, avant de faire l'expérience devant les spectateurs, mais vous les juxtaposez devant le public, puis vous séparez brusquement les dés aussitôt qu'ils sont à bout de course, et vous priez un amateur de continuer l'expérience. Il verra, s'il ne connaît pas le petit subterfuge employé, que cela n'est pas facile.

La Coudée.

La coudée était une mesure des anciens, qui équivalait à la distance du coude au bout du doigt du milieu, et évaluée à environ 50 centimètres. Voici une amusante récréation gymnastique dans laquelle cette mesure va jouer le rôle principal.

Mesurez une coudée sur une canne, en plaçant, comme vous le montre la figure de droite de notre dessin, l'extrémité du coude à la tête de la canne et en appliquant contre la canne l'avant-bras et la main grande ouverte. Marquez exactement le point où arrive l'extrémité du médius ou doigt du milieu.

Cela fait, tenez la canne horizontalement devant vous, le doigt du milieu étant placé exactement sur la marque; les doigts doivent être à angle droit sur la canne, le pouce revenant par-dessus; c'est la position naturelle que nous prenons quand nous serrons un bâton dans notre main.

Maintenant, voici ce qui vous reste à faire : il faut, sans changer les doigts de place, en baissant la tête ou écartant le coude du corps et maintenant la canne horizontale, amener la pomme de la canne jusqu'à votre bouche, comme si vous vouliez l'embrasser. Vous serez surpris de voir avec quelle difficulté vous obtiendrez ce résultat, en apparence si simple. Pour rendre l'expérience plus amusante, dans une soirée d'amis, vous pouvez remplacer la canne par une baguette à l'extrémité de laquelle sera piquée une pomme, par exemple, qui sera le prix du vainqueur.

L'Ecriture sur le front.

Présentez à quelqu'un de l'assistance une bande de papier, priez-le de placer cette bande sur son front en la maintenant avec la main gauche; vous pouvez aussi lui attacher la bande sur le front avec un peu de fil.

Sans laisser à l'amateur le temps de la réflexion, donnez-lui un crayon et demandez-lui de fermer les yeux et d'écrire sur la bande un mot quelconque, son nom, par exemple. Neuf fois sur dix, à la grande joie du public, vous verrez l'amateur écrire son nom... à l'*envers*, c'est-à-dire de droite à gauche, comme s'il le traçait sur une pierre lithographique. Ce mouvement est instinctif; mais l'amusante expérience à laquelle il prête manquera si la personne qui écrit hésite quelques instants, de façon à trouver par quel côté de la bande elle devait commencer à tracer les lettres. Évitez donc avec soin d'indiquer d'avance le résultat de ce petit jeu, et vous jouirez de l'ébahissement de l'amateur lorsque, ayant ouvert les yeux, on lui présentera les mots qu'il vient de tracer, avec l'écriture... du roi Dagobert !

Le Nœud de corde.

D EUX compagnons entrent, pour se rafraîchir, chez un marchand de vin, et l'un d'eux, plaçant devant lui sur la table un bout de corde, propose à son camarade le problème suivant : *Prendre dans chaque main un bout de la corde, et faire un nœud au milieu, mais sans qu'aucune des deux mains ne lâche le bout de corde qu'elle tient.*

Désireux de connaître la solution de ce problème qui lui paraît insoluble, le limonadier s'est approché de la table : on lui fait essayer à plusieurs reprises, mais sans succès, de faire le nœud sans lâcher la corde ; de guerre lasse, il déclare la chose impossible. On parie une consommation. C'est là que voulaient en venir nos deux compères. Plaçant devant lui la corde allongée, le loustic qui a proposé le problème, se croise les bras, saisit de la main gauche le bout de droite de la corde, avec la main droite le bout de gauche, et décroisant les bras sans que les mains lâchent la corde, il montre aux spectateurs le nœud qui s'est fait au milieu.

Le tour est joué. Le marchand de vin aussi.

Le Clown culbuteur.

DESSINEZ, puis découpez dans une carte de visite un petit personnage écartant les bras et les jambes, dans la position d'un clown faisant la roue.

Il s'agit de lui faire non seulement exécuter la roue, c'est-à-dire une culbute complète sur lui-même, chaque main et chaque pied touchant successivement le sol (figuré par la table), mais encore de lui faire faire une série de culbutes semblables autour d'un cercle imaginaire, qui sera, par exemple, la piste du cirque où notre clown exécute ses exercices.

Voici la manière bien simple de lui communiquer ce double mouvement de rotation rappelant celui de la terre autour du soleil. Nous allons utiliser le porte-plume et les ciseaux qui nous ont servi à dessiner, puis à découper le petit bonhomme. Piquez le bout de la plume dans le dos du personnage, vers le milieu du corps. Tenez horizontalement à la main la paire de ciseaux, et, dans l'un des anneaux, posez obliquement le bout en bois du porte-plume, qui s'y maintiendra sans tomber par suite de son inclinaison. Cela fait, vous n'avez plus qu'à imprimer aux ciseaux un léger mouvement de rotation dans un plan horizontal : le porte-plume suit aussitôt ce mouvement, qui est amplifié à l'extrémité portant la petite figure; de plus, le frottement du porte-plume contre l'anneau des ciseaux lui communique un mouvement de rotation sur lui-même, comme le ferait une roue d'engrenage dentée intérieurement, dans laquelle on ferait mouvoir un pignon denté. Et voilà comment, avec des ustensiles connus, des ciseaux, un porte-plume, vous pourrez faire culbuter de petits personnages ou animaux, constituant de nouveaux jouets mécaniques qui feront la joie de votre jeune entourage.

Les Méfaits du tabac.

FAITES, avec du papier, un cornet mince et très pointu ; collez-en le bord de manière que le cornet ne puisse s'élargir, et coupez l'extrémité de la pointe avec des ciseaux, de manière à avoir un trou, le plus petit possible.

Placez devant vous, sur la table, une feuille de papier blanc, et promenez sur cette feuille la pointe de votre cornet, tout en soufflant doucement, par l'ouverture, la fumée de votre cigarette. Partout où la fumée, passant par le petit trou de la pointe, aura touché le papier, vous constaterez qu'il s'est déposé une tache brune plus ou moins foncée. Vous pourrez, en tenant votre cornet comme un crayon, et en le dirigeant convenablement sur la feuille de papier, tracer des caractères d'écriture ou des figures ayant l'aspect de dessins à la sépia. Ces dessins, incrustés dans la pâte même du papier, sont ineffaçables, même avec de l'eau. Les ombres sont plus ou moins fortes, selon que vous aurez envoyé, sur le même endroit, plus ou moins de fumée.

Si cette expérience peut distraire un fumeur, elle devra aussi le faire réfléchir sur les inconvénients de l'abus du tabac, en lui démontrant, d'une manière indiscutable, la présence dans la fumée d'un des plus violents poisons qui existent, la nicotine, qui pénètre dans l'arrière-gorge et dans les bronches pour s'y incruster profondément, comme elle vient de le faire dans notre feuille de papier.

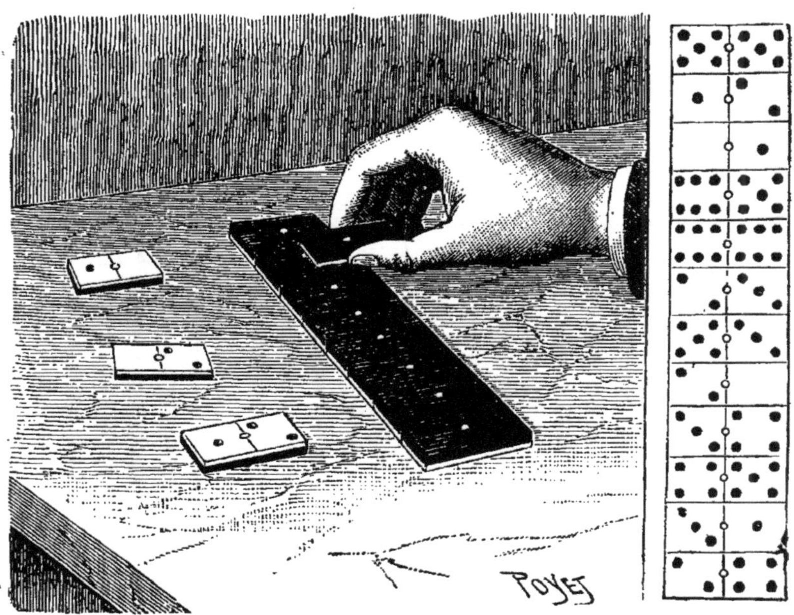

La Double vue.

ISPOSEZ sur la table, dans l'ordre indiqué à droite de notre dessin, douze dominos formant les points de 1 à 12, et retournez-les, le dos en l'air. Faites-vous bander les yeux, et annoncez que, en épelant les numéros successifs, chaque domino va répondre à l'appel de ce numéro. Pour cela, épelez : u, n, un ; d, e, u, x, deux, etc. En disant *u*, prenez le premier domino du haut (double cinq) et mettez-le en bas. En disant *n*, mettez en bas le second domino (as et deux), et en disant *un*, tournez le troisième domino, qui est en effet l'as et blanc, et mettez-le de côté. Continuez de même pour deux, trois, etc., jusqu'à douze. *La Science Amusante* étant lue dans tous les pays du monde, j'ai indiqué ci-dessous l'ordre à donner aux dominos pour exécuter cette petite expérience de double vue en huit langues différentes.

FRANÇAIS		HOLLANDAIS		ALLEMAND		ANGLAIS	
un	10	een	5	eins	6	one	10
deux	3	twee	3	zwei	7	two	3
trois	1	drie	10	drei	3	three	5
quatre	11	vier	1	vier	5	four	1
cinq	12	wyf	8	fünf	1	five	11
six	5	zes	7	sechs	9	six	12
sept	8	zeven	6	sieben	11	seven	7
huit	2	acht	4	acht	10	eight	2
neuf	7	negen	2	neun	4	nine	4
dix	9	tien	12	zehn	2	ten	6
onze	4	elf	9	elf	12	eleven	8
douze	6	twaalf	11	zwölf	8	twelve	9

LATIN		VOLAPUK		JAVA		CHINOIS	
unus	5	bal	10	satoe	4	ja	4
duo	9	tel	11	doewa	10	ji	10
tres	2	kil	6	tiga	6	sam	1
quatuor	12	fol	1	ampat	9	si	12
quinque	11	lul	4	lima	3	hm	5
sex	6	möl	9	anam	1	lo	2
septem	7	vel	8	toetjoe	7	tset	7
octo	4	jöl	2	delapan	5	pa	11
novem	10	zül	12	sembilang	11	kow	6
decem	8	bals	5	sapoeloe	12	sap	3
undecim	3	balsebal	7	sablas	8	sapja	9
duodecim	1	balsebel	3	doewablas	2	saü	8

Dominos géographiques.

ES dominos nous ont déjà servi à la démonstration d'un problème de géométrie ; c'est à la recherche d'un problème géographique que nous allons maintenant les employer.

Comme la solution en est indiquée sur notre dessin, il me suffira de donner l'énoncé du problème dans lequel trois conditions sont imposées :

Avec les 28 dominos, écrire le nom d'un département français, en observant que :

1° Chaque lettre doit comprendre le même nombre de dominos ;

2° Les dominos seront, dans chaque lettre, placés les uns à la suite des autres suivant la règle du jeu ;

3° Dans chaque lettre, la somme des points doit être la même.

Le département de l'Eure répond à ces trois conditions du problème :

1° Chacune de ses 4 lettres est formée par 7 dominos ;

2° La règle du jeu, dans le tracé des lettres, est rigoureusement observée ;

3° Enfin, et c'était la condition la plus dure, dans chacune de ces lettres, la somme des points est égale à 42, chiffre égal au quart des 168 points dont se composent les 28 dés du jeu de dominos (1).

---

(1) Après la publication de cette curieuse combinaison de dominos dans l'*Illustration*, plusieurs lecteurs du Gers et du Cher nous ont informé que leur département satisfaisait également aux conditions exigées. Voici les combinaisons qu'ils ont bien voulu nous indiquer :

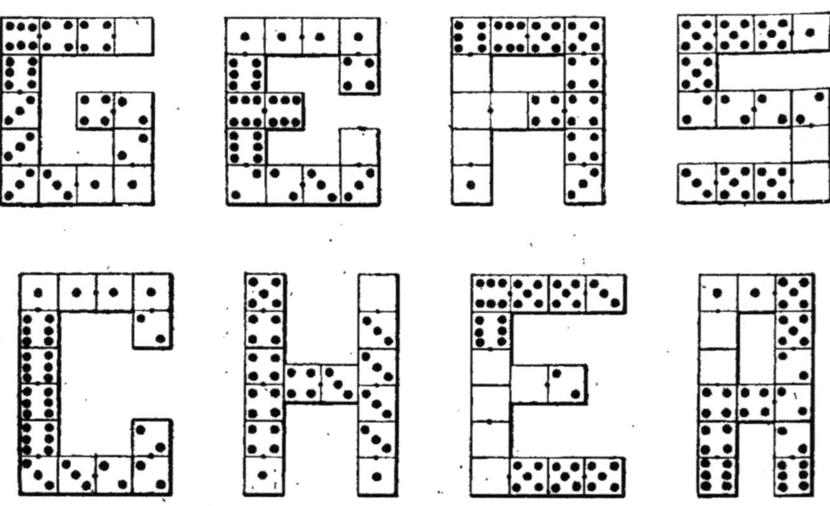

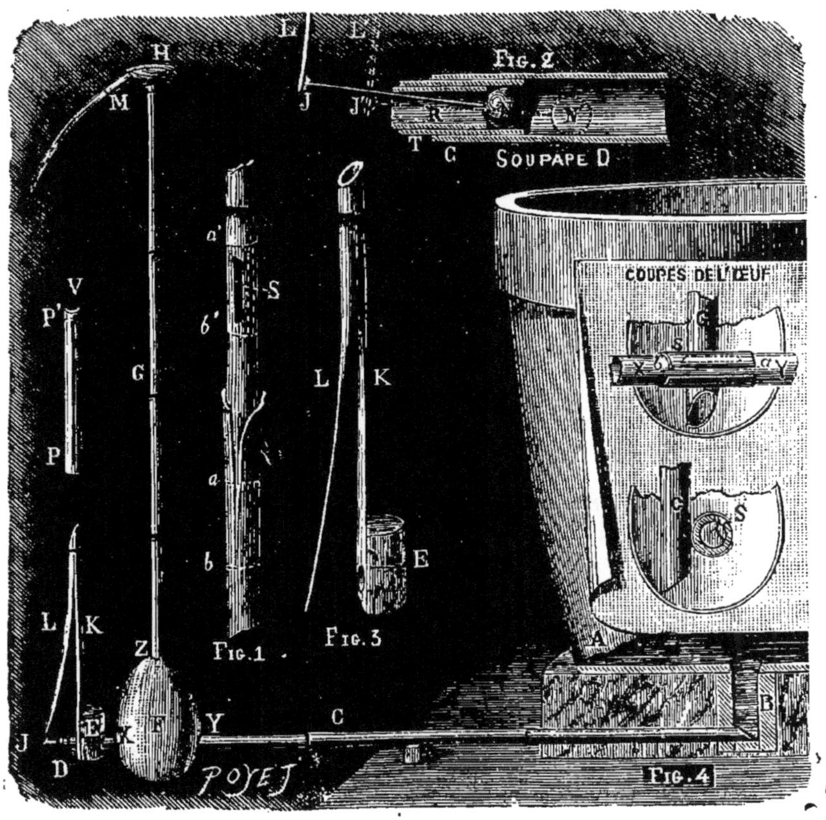

Bélier hydraulique en roseau.

oici comment vous pourrez, en observant exactement la marche suivante, construire un bélier hydraulique.

Tuyau d'amenée.— Prenez un beau roseau C de 0^m,40 de longueur et de 0^m,010 de diamètre au gros bout. Avec un fil de fer rougi, débouchez-le en perçant les cloisons des nœuds.

Clapet de retenue. — Ce clapet sera placé à $0^m,035$ du gros bout. Son orifice S percé dans le roseau C aura $0^m,002$ de large et $0^m,020$ de long. Le battant de ce clapet sera fait avec l'écorce même du roseau (v. *fig.* 1) : on coupera l'écorce en rond autour de *a* et de *b*, on fera glisser la partie *ab* de *ab* en *a'b'*.

Réservoir à air. — Prenons une coquille d'œuf et perçons-y trois trous X, Y et Z. A travers les trous X et Y, nous ferons passer le tuyau C que nous enfoncerons jusqu'à ce que le clapet *ab* soit au centre de l'œuf. Puis, nous scellerons le tube à la coquille avec de la cire à cacheter.

Tuyau d'ascension. — Il sera formé avec un roseau plus mince que le roseau C, débouché de même. Nous enfoncerons ce roseau G dans le trou Z, jusqu'à ce que son gros bout taillé en biseau touche presque le fond de la coquille. Nous scellerons en Z avec de la cire à cacheter.

Chute d'eau. — Prenons un gros bouchon B. Perçons-y deux trous, l'un suivant l'axe, de $0^m,015$ de diamètre, le second, perpendiculaire. Dans ce dernier, engageons le petit bout de tuyau C. Rebouchons l'extrémité inférieure du trou vertical avec une petite rondelle de bouchon, comme le montre la figure. Le bouchon sera collé sous un grand pot à fleurs A de $0^m,30$ de hauteur (*fig.* 4).

Soupape D. — Prenons une épingle à grosse tête de verre N *bien sphérique*, puis un bout de roseau T où la tête N entre facilement ; enfonçons dans ce bout de roseau un autre bout R, *bien arasé*. La soupape, ainsi faite, est enfoncée en D, au bout du tuyau C.

(Se servir de cire jaune pour empêcher les fuites entre ces différents tuyaux.)

Ressort. — La soupape est ramenée en arrière par un ressort en roseau KL (v. *fig.* 3) collé sur un bouchon E à cheval sur le bout du tuyau C. La pointe de l'épingle N adhère à la lame L par une petite boule de cire jaune J.

Fonctionnement. — On remplit d'eau le pot A. On doit *entendre* l'épingle N buter pour fermer l'orifice. Il ne doit rien s'écouler entre la soupape N et le roseau R.

Il suffit de régler la force du ressort pour voir tout à coup la soupape se mettre en mouvement d'elle-même et l'eau s'écouler par le trop-plein M, terminé par une coque de noix H (1).

---

(1) Dans l'Album *pour amuser les petits*, nos lecteurs trouveront une quantité d'objets faciles à construire avec du roseau ou de la paille.

Le roseau se coupant, et se fendant plus facilement que le bois, doit être mis, avant ce dernier, entre les mains des enfants. Ce sera un excellent apprentissage pour la manœuvre du canif.

Raidisseur pour fils de fer.

Es jardiniers amateurs ou de profession me sauront gré de leur indiquer comment, avec du gros fil de fer, ils pourront construire le système de raidisseur que nous mettons sous leurs yeux.

Il suffit de couper le fil de fer par bouts de 6 à 7 centimètres de long, puis, à l'aide d'une pince, de recourber l'une des extrémités en U et l'autre simplement à angle droit, les bouts recourbés restant dans le même plan. Une encoche sera faite avec une lime dans la

petite branche à angle droit que vous voyez à gauche.
Voilà le raidisseur construit. Mode d'emploi : placer
la partie en U à cheval sous le fil de fer à raidir, le fil
de fer se trouvant pris entre les deux branches de l'U,
puis, soulevant la queue recourbée de la longue branche, tourner le raidisseur avec cette longue branche
agissant comme un levier, ce qui permet de lutter
contre le poids du fil de fer et de lui donner la tension
voulûe.

Quand votre fil est suffisamment tendu, arrêtez l'appareil en engageant sur le fil de fer même l'encoche
dont nous avons parlé plus haut; la queue de la grande
branche ne pourra ni monter ni descendre et le raidisseur sera fixé, la grande branche restant parallèle au fil
de fer qui vient d'être tendu.

Lanterne d'écurie.

Nous sommes à la campagne; la lanterne de l'écurie est brisée et nous devons la remplacer instantanément, ne fût-ce que pour la nuit, en attendant la lanterne neuve qui doit arriver demain de la ville.

Rien de plus simple : nous prenons une bouteille, en verre blanc de préférence, et dont le fond soit renflé en cône à l'intérieur.

Tenant cette bouteille renversée, nous faisons sauter l'extrémité du cône, en y donnant de petits coups à l'aide d'un instrument pointu quelconque. Nous pratiquons ainsi une ouverture plus ou moins régulière.

Allumons une bougie et introduisons-la dans la bouteille par ce trou, puis maintenons-la au moyen d'un petit morceau de bois qui la serre contre un côté de l'ouverture en laissant un vide permettant le passage de l'air.

Accrochons notre bouteille au moyen d'une ficelle attachée au goulot, et voilà fabriqué, en moins de temps qu'il n'en faut pour l'écrire, un ustensile capable de remplacer la lanterne absente.

Lanterne de voiture.

UNE bouteille nous a servi à confectionner une lanterne d'écurie. Une autre bouteille va nous permettre d'improviser une lanterne de voiture.

Surpris par la nuit à la campagne alors que vous avez oublié ou brisé votre lanterne, il vous sera souvent difficile de vous en procurer une autre. Mais, si les magasins de lanternes sont rares, les auberges et cabarets ne le sont pas. Entrez dans le premier que vous trouverez sur votre route, et demandez une bouteille vide. Mettez dans la bouteille $0^m,01$ à $0^m,02$ d'eau, et posez-la sur le fourneau bien chaud ou sur de la braise dans le foyer de la cheminée; dès que l'eau commencera à chauffer, le fond de la bouteille se décollera juste au niveau du liquide; il ne vous reste plus qu'à retourner la bouteille ainsi coupée, à laisser tomber une bougie dans le goulot et à l'allumer. Choisissez, si possible, une bouteille dont le goulot corresponde au diamètre de la bougie. Plus le verre de la bouteille sera clair, mieux cela vaudra.

Vous placez le goulot dans le porte-lanterne de la voiture, en l'entourant de papier ou de paille afin de l'y fixer fortement, et vous vous mettez en route bien tranquille; la bouteille vous a mis en règle avec la gendarmerie (1).

(1) La bouteille peut être dissimulée sous un papier mince de couleur.

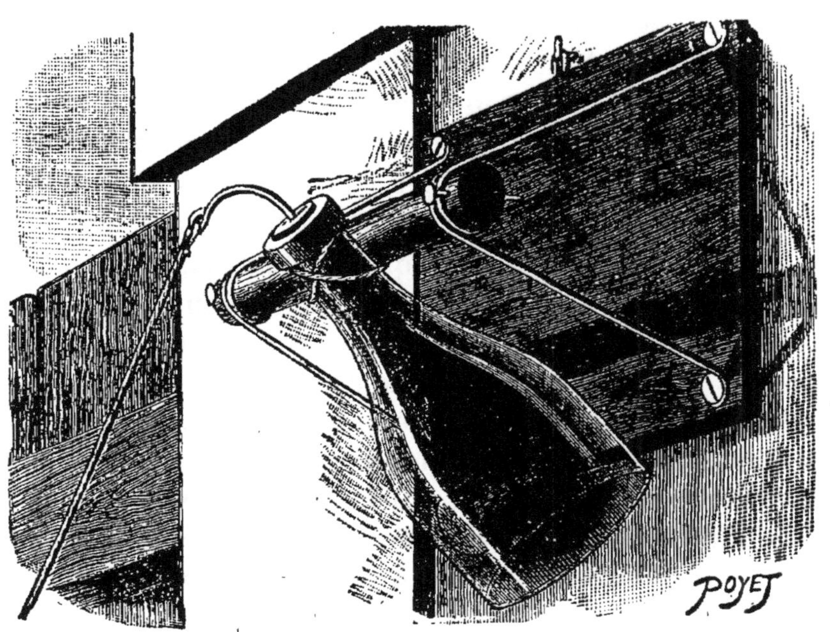

Bouteille-Cloche.

ous avons employé une bouteille pour la confection d'une lanterne d'écurie et d'une lanterne de voiture ; cet ustensile de ménage peut nous fournir encore plusieurs objets utiles, mais, avant de les indiquer, rappelons quelques-unes des manières de couper nettement sur son pourtour une bouteille, sans avoir recours au diamant du vitrier. Les meilleurs sont les systèmes dits « du chaud et froid », consistant à chauffer la bouteille suivant la ligne de la section que l'on veut faire, puis à la refroidir brusquement ; l'inégale dilatation fait claquer le verre suivant cette ligne. On peut chauffer soit en entourant la bouteille d'une mèche de coton imbibée d'alcool, que l'on enflamme, soit d'une ficelle, bien tendue, le long de laquelle la bouteille est frottée vivement par un mouvement de va-et-vient ; dans les deux cas, le refroidissement se fait en versant de l'eau froide sur la partie chauffée. Nous avons indiqué le tisonnier rougi au feu et trempé brusquement dans la bouteille remplie d'huile jusqu'à la hauteur voulue (1), et, tout dernièrement, la bouteille contenant un peu d'eau froide que l'on pose sur le fourneau ou les cendres chaudes. Il y a aussi le système du charbon de Berzélius ou tout simplement du charbon de bois allumé à l'un de ses bouts que l'on promène près d'une entaille faite dans le verre avec une lime triangulaire. On peut, par ce système, découper une bouteille en spirale, comme si elle était constituée par un ruban de verre enroulé en hélice sur un cylindre ; sous cette forme, la bouteille s'allonge lorsqu'on tire légèrement sur le goulot, ce qui démontre d'une façon élégante l'élasticité du verre. Quel que soit le système employé pour la couper, la bouteille ainsi dépourvue de son fond pourra nous fournir, entre autres objets pratiques : un entonnoir — une cloche pour poser au jardin sur nos boutures, en verre blanc ou de couleur, selon que les plantes craignent ou non les rayons du soleil — une sonnette de table, dont le battant sera constitué par un bouton de métal suspendu au bout d'un fil que l'on attache au bouchon, enfin la cloche de jardin au battant de bois représentée sur notre figure ci-contre, et qui, si elle n'a pas la grosse voix du bourdon de Notre-Dame, suffira cependant à nos fillettes pour sonner le dîner de leur poupée.

---

(1) Voir la *Science Amusante*, 2ᵉ série, page 91.

Le Boomarang.

E boomarang est une arme de guerre et de chasse employée par les sauvages de la Polynésie, et jouissant de la propriété singulière de revenir, après avoir décrit une orbite elliptique, à quelques pas de celui qui l'a lancée.

Aucun Européen n'a jamais su se servir de cette arme primitive, qui donne, entre les mains du sauvage de la Polynésie, de merveilleux résultats.

Par contre, nous pouvons construire en un instant un petit boomarang de carton, qui fonctionne parfaitement. Nous le découperons dans une carte de visite, en forme d'équerre un peu ouverte, à branches inégales et à angles arrondis. Ce sera une sorte de croissant dont une corne sera un peu plus longue que l'autre. Nous poserons l'objet à plat sur le bord d'un livre, l'une des branches dépassant légèrement, et, tenant le livre incliné, nous frapperons cette branche avec une règle ou tout simplement nous lui donnerons une forte chiquenaude ; le petit morceau de carton partira en tournant sur lui-même, en montant ; puis, décrivant une ellipse presque fermée, reviendra tomber à nos pieds s'il n'a heurté aucun objet dans sa course.

Un bouchon de pot à moutarde et une épingle à cheveux peuvent nous permettre de confectionner un appareil qui lance le boomarang beaucoup mieux que le procédé de la règle. Échancrez largement un côté du bouchon, comme l'indique le détail à gauche de notre dessin ; c'est dans le vide ainsi formé que peut se mouvoir la branche libre de l'épingle à cheveux. L'autre branche est piquée dans l'intérieur du bouchon, son extrémité est repliée en ∩ renversé pour être piquée une seconde fois sur le dessus du bouchon, ce qui empêche le ballottement de l'épingle et la maintient dans un plan vertical. Vous aurez enroulé deux ou trois fois, autour d'un crayon, la partie courbée de l'épingle, de façon à former ressort. Sur le bord de l'échancrure, un petit bout de fil de fer, recourbé à angle droit, est piqué dans le bouchon ; on passe le boomarang sous cette petite pince, qui le maintient, la branche qui doit recevoir le choc étant mise en travers de l'échancrure.

Tenant le bouchon de la main et l'inclinant un peu

vers vous, vous ramenez en arrière la branche libre
de l'épingle, avec le pouce de la main droite, puis vous
l'abandonnez brusquement ; le ressort se détend et projette à 3 ou 4 mètres de distance le petit croissant de
carton, qui, ayant décrit son orbite, revient docilement
tomber à vos pieds.

Chaînes en noyaux de cerises.

Voici comment, à la saison des cerises, vous pourrez employer leurs noyaux pour la confection de la chaîne originale que vous voyez sur notre dessin.

Le n° 1 vous montre le noyau bien lavé; ce noyau est divisé en deux parties par une nervure médiane; entaillez au canif l'une des faces, par petites tailles successives; le noyau n'est pas si dur qu'il en a l'air, et vous arriverez vite à mettre l'amande à nu (n° 2); entaillez de même la seconde face, de l'autre côté de la nervure, enlevez l'amande, et régularisez les bords de l'anneau ainsi obtenu (n° 3).

Préparez un certain nombre d'anneaux semblables, obtenus en choisissant les noyaux d'égale grosseur, et, en les laissant à plat sur la table, pratiquez avec le canif une fente dans quelques-uns d'entre eux ; la matière de l'anneau est assez élastique pour que vous puissiez ouvrir l'anneau en élargissant la fente, et y faire passer un autre anneau ; aussitôt après que cet anneau est passé, le premier se referme avec tant de précision, qu'il est impossible à l'œil le plus exercé de reconnaître la fente.

Pour simplifier, vous pouvez ne fendre qu'un anneau de la chaîne, sur deux, et passer deux anneaux entiers dans celui qui est fendu. Avec un peu de patience, vous réussirez certainement, et je serai reconnaissant à ceux des amateurs de science amusante qui voudront bien m'envoyer des échantillons de leur fabrication, exécutés soit avec des noyaux de cerises, soit avec des noyaux d'autres fruits.

S'ils cassent au début quelques anneaux en ouvrant la fente, ils se rappelleront que la matière première n'est pas coûteuse, et répéteront avec les anciens : *materiam superat opus.*

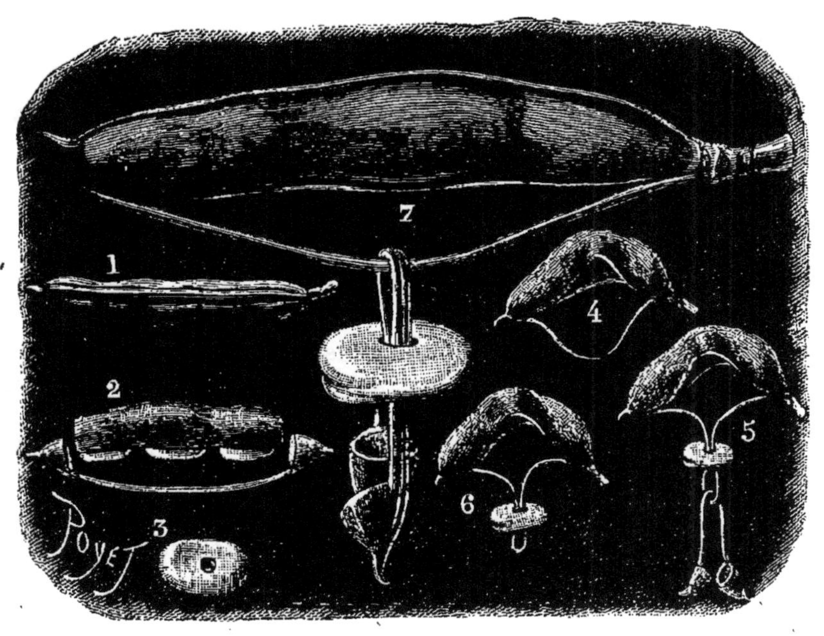

Le Jeu de la fève.

QUAND vous en serez au temps des cerises...
comme dit la chanson, ce sera aussi celui des
fèves, et vous vous empresserez de cueillir deux gousses
de ces légumineuses pour en fabriquer le petit jeu que
je vais vous indiquer.

Avec votre canif, faites deux incisions parallèles le
long de la partie inférieure de la première gousse
(*fig.* 1), de sorte que le cordon de fibres qui réunit les
deux extrémités s'en trouve séparé, sauf aux extrémités, qu'il continue toujours à unir (*fig.* 4).

Amincissez avec le canif la surface intérieure de ce cordon, afin de le rendre flexible, et videz la gousse de ses fèves.

Faites un trou au milieu d'une fève (*fig.* 3), assez large pour livrer passage audit cordon plié en deux.

Coupez les extrémités d'une autre gousse, tout en laissant intact le cordon qui les unit (*fig.* 2).

Avec ces trois éléments, représentés figures 1, 2 et 3, vous voilà prêts à construire le jeu dont l'ensemble est représenté à plus grande échelle à la figure 7. Pressez sur les extrémités de la première gousse (*fig.* 4), afin de la courber et d'en isoler le cordon. Passez ce cordon, replié en deux, par le trou de la fève (*fig.* 6), de façon à faire passer, dans la boucle que forme ce cordon de l'autre côté de la fève, le cordon de la figure n° 2.

Cela fait, redressez la première gousse ; son cordon ressortira du trou de la fève et c'est celui de l'autre gousse qui y entrera en se pliant en deux.

Le problème est celui-ci : *retirer la fève sans rien arracher.*

Il suffit, pour le résoudre, de suivre la marche inverse de celle que je viens de décrire ; rien n'est plus simple... pour celui qui le sait.

La Lampe à incandescence.

ORSQUE vous faites brûler une allumette en bois, il reste une cendre blanche extrêmement fine, qui rougit avec une grande facilité. Fixez un peu de cette cendre à la pointe de quatre plumes à écrire, que vous attachez autour d'un gros bouchon plat, percé à son centre d'un large trou. Si vous éprouvez de la difficulté à fixer la cendre aux extrémités des plumes d'acier, piquez au bout de ces plumes de petits bouts d'allumettes que vous ferez brûler ensuite. Posez avec précaution votre bouchon sur une petite lampe à essence, de façon que le bec de la lampe passe par le trou du milieu. Si vous allumez la lampe en maintenant la mèche très basse, de façon à ce qu'elle ne donne plus qu'une petite flamme bleue presque imperceptible, vous verrez vos petits morceaux de cendre portés à l'incandescence prendre un magnifique éclat, et vous aurez peine à supporter, sans fatigue pour vos yeux, la lueur ainsi obtenue, qu'on pourrait comparer à celle d'une lampe électrique.

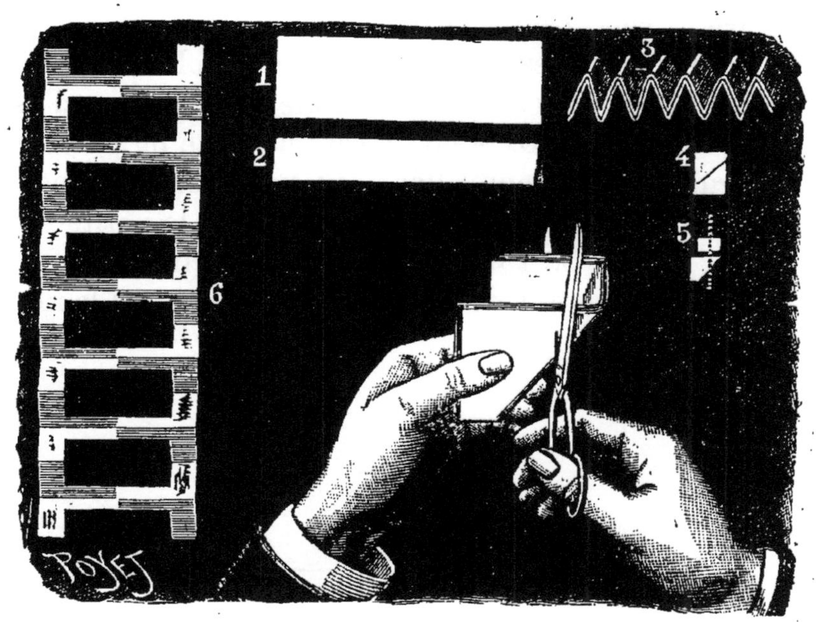

Échelle en papier d'un seul coup de ciseaux.

ENCORE un petit problème de découpage de papier, à ajouter à ceux que nous avons déjà indiqués. Il s'agit de découper une échelle d'un seul coup de ciseaux, donné en ligne droite dans une feuille de papier.

Voici les diverses phases de l'opération ; elles sont indiquées par des chiffres sur notre dessin.

1 est la feuille de papier ; c'est un rectangle ayant la largeur et la hauteur de la future échelle. Pliez-la en deux suivant une ligne médiane, dans le sens de sa longueur, vous aurez la forme représentée figure 2.

Repliez-la maintenant, comme pour faire un éventail, figure 3 ; serrez bien la feuille ainsi pliée entre le pouce et l'index, et pliez-la suivant la ligne oblique indiquée en pointillé figure 4. L'ensemble prend alors l'aspect de la figure 5, et c'est en travers de cette figure, suivant la ligne verticale pointillée, que vous donnez le coup de ciseaux. Dépliez le papier, et vous avez la petite échelle de la figure 6. Plus le papier est mince, plus vous pourrez lui donner de plis et augmenter ainsi le nombre des échelons.

La Cigogne.

Étachez de la colonne vertébrale d'une carpe deux des arêtes A A, qui se trouvent vers l'avant du corps. Percez deux petits trous allongés (voir le dessin) dans le milieu de l'un des deux os T, qui sont des deux côtés de la tête, et enfoncez dans ces trous les deux arêtes A A, les pointes en avant. Vous avez ainsi le corps, le cou et les deux pattes d'une cigogne. Il ne reste plus qu'à trouver la tête, mais celle-ci n'est pas loin.

Prenez une vertèbre, munie de ses deux pointes (appelées apophyses); brisez l'une de ces pointes; ainsi modifiée, la vertèbre constitue la tête de la cigognc, et l'apophyse qui reste figure le bec. Piquez dans cette vertèbre la pointe de l'os qui représente le cou, et enfoncez les deux extrémités des pattes dans un bouchon ou une croûte de pain, afin que l'animal puisse se tenir debout.

Vous aurez ainsi construit en un clin d'œil l'animal représenté sur notre dessin, et qu'avec un peu de bonne volonté vous appellerez une cigogne.

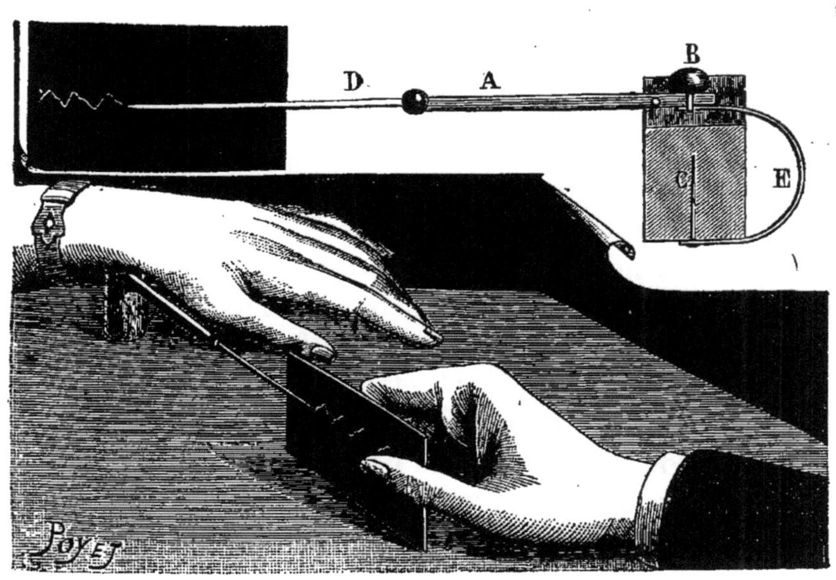

Le Sphygmographe.

N bouchon, une épingle, une allumette, un bouton
de bottine et une plume d'oie, tels sont les matériaux avec lesquels nous allons construire un *sphygmo-
graphe*, appareil destiné à enregistrer les battements
du pouls et à en contrôler la régularité.

Faites d'abord, avec votre canif, une mortaise dans
l'une des bases du bouchon, puis enfoncez l'allumette A
dans la boucle du bouton de bottine B. Avec l'épingle C,
traversez successivement un des côtés de la mortaise,
vers le bord du bouchon, puis l'allumette, près du
bouton, le bouton en dessus, puis l'autre bord de la
mortaise ; l'allumette est alors devenue un levier oscil-

lant autour de l'épingle qui lui sert d'axe. Faites une petite fente verticale dans l'extrémité de l'allumette opposée au bouton, et introduisez dans cette fente une lame mince D taillée dans une plume d'oie la plus longue possible, puis fixez l'assemblage avec un peu de cire. Courbez légèrement cette lame que nous appellerons le traceur, et taillez l'extrémité en pointe. Taillez dans la plume une autre lame E un peu plus large; piquez un de ses bouts sous le bouchon avec une épingle, recourbez-la en arc de cercle, de façon que l'extrémité libre vienne faire ressort et soulever le petit bras de levier de l'allumette, le bouton faisant légèrement saillie au-dessus de la mortaise du bouchon.

Voilà l'appareil construit.

Noircissez une carte de visite au-dessus de la flamme d'une bougie, posez l'appareil sur la table et priez la personne dont vous désirez étudier les pulsations d'appuyer son pouls sur le bouton de bottine. A chaque battement du pouls le bouton s'abaisse, puis est relevé par le ressort ; l'extrémité du traceur se soulève et s'abaisse donc alternativement. Posez la carte verticalement sur la table, la surface noircie touchant légèrement le traceur, et tirez lentement et régulièrement la carte vers vous ; vous voyez se dessiner en blanc, sur fond noir, la courbe des pulsations, courbe qui varie avec l'âge du sujet, son état de santé, de fatigue, etc. Vous pouvez collectionner ainsi les battements du pouls de vos amis ; ce seront des autographes d'un nouveau genre.

Constructions en cartes de visite.

Au lendemain du jour de l'an, indiquons la manière d'utiliser les vieilles cartes de visite à de petits travaux d'amateur, par exemple à la construction du verre à pied dont nous donnons le modèle. Voici d'abord ses dimensions principales : *Hauteur du verre :* 10 centimètres (c'est la largeur d'une carte de visite). *Anneau supérieur* (n° 3 du dessin) : diamètre extérieur, 6 centimètres ; diamètre intérieur, 5 centimètres. *Anneau du fond du verre* (n° 4), diamètres : 35 et 25 millimètres. *Anneau de la base* (n° 6), diamètres : 5 centimètres et 13 millimètres. *Petit anneau du milieu du pied* (n° 5) : 13 millimètres de diamètre extérieur et 5 millimères de diamètre intérieur. La distance verticale entre chacun des six anneaux est de 1 centimètre, ce qui vous permettra de déterminer les grandeurs des anneaux intermédiaires, et il vous sera facile de tracer le profil des pièces-n°⁰ 1 et 2, qui sont identiques, sauf en ce qui concerne les entailles verticales du pied. Ces entailles sont indiquées sur notre dessin en gros traits noirs. Toutes les entailles doivent avoir, comme largeur, l'épaisseur du carton employé. La largeur des montants obliques figurant les côtés du verre (*fig.* 1 et 2), de même que la largeur des anneaux, sera de 5 millimètres ; la longueur des entailles sera, tant pour les anneaux que pour les montants, de la moitié de cette largeur, soit 2 millimètres 1/2. Remarquez bien que les entailles de l'anneau supérieur sont faites en dedans, et que toutes les entailles des autres anneaux sont faites en dehors.

Le petit cercle (n° 5) et le cercle de base (n° 6) ont de plus une entaille allant obliquement par rapport au rayon, de la circonférence intérieure à la circonférence extérieure. Cette entaille n'aura d'autre épaisseur que celle donnée par le trait de canif ou le coup de ciseau. Toutes les pièces étant ainsi tracées, découpées et entaillées avec le plus grand soin, il vous reste à procéder au montage. Réunissez les pièces 1 et 2, les deux fentes verticales pénétrant bien l'une dans l'autre, puis rabattez-les l'une sur l'autre autour des fentes servant de charnières, de façon à faire coïncider les entailles du milieu et de la base du pied. Introduisez ces deux pièces 1 et 2 dans les couronnes 5 et 6, par les fentes obliques qui y sont ménagées, et remettez alors les deux pièces perpendiculaires l'une à l'autre. (Les fentes obliques, pincées par les pieds perpendiculaires, sont ainsi refermées). Opérez ensuite le montage des couronnes en commençant par la plus petite, et vous aurez ainsi le gracieux verre dont nous donnons le dessin.

En plaçant à l'intérieur un petit verre à liqueur contenant de l'eau, vous aurez un porte-bouquet. Si vous remplacez par un cercle plein la couronne évidée (n° 4), vous obtiendrez un porte-allumettes original. Vous pourrez non seulement modifier les proportions qui viennent d'être indiquées, mais encore substituer aux anneaux circulaires des couronnes elliptiques qui vous donneront de petites coupes de formes très élégantes.

La Mélagraphie.

ENDUISEZ de noir de fumée le dos d'une assiette en la présentant au-dessus de la flamme d'une bougie. Vous pourrez, à l'aide d'un poinçon, d'une épingle, d'une allumette taillée en pointe, etc., tracer en traits blancs sur ce fond d'un noir mat les dessins les plus délicats ; les effets de neige sont très rapidement obtenus avec ce procédé ; pour les espaces blancs un peu grands, on enlève le noir avec le doigt entouré d'un chiffon. Si quelque partie de votre travail ne vous satisfaisait pas, replacez cette partie au-dessus de la flamme, afin de la recouvrir d'une nouvelle couche de noir sur laquelle vous recommencerez votre tracé.

Une fois le dessin achevé, si vous voulez le conserver sur un support plus commode et moins fragile qu'une assiette, rien n'est plus facile que de le reporter sur une feuille de papier, au moyen du procédé que voici, et qu'on pourrait baptiser *la mélagraphie* (*melas*, en grec, signifiant *noir*) : il consiste simplement à mouiller la feuille de papier et à l'appliquer contre le dessin, en exerçant, à l'aide de la main, une légère pression sur le dos de la feuille. Enlevez cette feuille délicatement et vous y trouverez votre dessin exactement reproduit. Si votre dessin comporte des caractères d'écriture, avoir soin de les retourner en les traçant sur l'assiette, afin qu'ils puissent être dans leur vrai sens sur la reproduction.

Dessin expéditif.

SANS être dessinateur, chacun de vous pourra créer des dessins dans le genre de celui dont je mets un fac-similé sous vos yeux, et cela en un clin d'œil à l'aide d'un procédé des plus primitifs.

Tracez une ligne à l'encre un peu épaisse avec votre plume sur une feuille de papier, puis, avant que l'encre ne sèche, passez rapidement la main sur le trait, comme si vous vouliez l'effacer, et dans une direction bien perpendiculaire à la ligne.

Vous aurez ainsi dessiné sur le papier des formes

architecturales très curieuses : tourelles avec leurs créneaux, cathédrales gothiques hérissées de flèches pointues, fantastiques pignons surmontant des murailles noircies par les ans.

En frottant avec un chiffon, vous pouvez, sans vous salir la main, obtenir à peu près le même résultat. Une fois l'encre séchée, vous vous livrerez à votre inspiration pour rehausser le dessin de quelques traits à la plume, de façon à y figurer des fenêtres, meurtrières, portails, etc.

En appuyant plus ou moins la plume lorsque vous tracez le trait primitif d'où surgira toute cette architecture, vous obtenez des largeurs de trait et des épaisseurs d'encre variables, correspondant, après frottage, à des flèches ou tourelles, de hauteurs différentes, ce qui rend le dessin encore plus pittoresque.

Les Algues instantanées.

Lorsqu'on sépare deux plaques de verres adhéren-tes, entre lesquelles on a comprimé fortement une substance visqueuse, par exemple quelques gouttes de sirop, d'encre à copier ou mieux encore un peu d'encre d'imprimerie, on trouve le liquide visqueux étendu sur les deux faces du verre qui étaient en contact, mais y formant des arborescences très artistiques et délicates, rappelant à s'y méprendre certaines empreintes d'algues fossiles.

Vous serez surpris de la diversité des dessins que

vous obtiendrez de la sorte, selon que le corps employé sera plus ou moins visqueux et que vous aurez pressé plus ou moins fort. En détachant les deux verres, si vous les faites glisser un peu l'un sur l'autre, les branches principales des algues seront plus allongées et disposées parallèlement ; si vous faites tourner légèrement l'une des plaques contre l'autre, les branches auront une forme arquée des plus gracieuses. Les tiges se dirigent toujours vers les parties des plaques qu'on a détachées en dernier lieu. Les découpures les plus fines se forment au bout de la nappe, là où la matière visqueuse se trouve en plus petite quantité.

Notre dessin donne le fac-similé d'une figure obtenue avec de l'encre d'imprimerie. Pour conserver le dessin, il suffit d'appliquer sur l'original une feuille de papier, de l'en détacher avec soin, et de laisser bien sécher l'épreuve ainsi obtenue.

FIGURES de CIRE

Voici une fantaisie due à l'imagination de l'amusant caricaturiste Émile Cohl. Nos lecteurs pourront

1. Le Général.   2. Le Lieutenant.

s'amuser à reproduire, avec des allumettes-bougies, ces petits personnages, et chercher à en créer de nouveaux.

Chauffez légèrement l'extrémité d'une allumette-

3. Les Trompettes.

bougie opposée au phosphore ; la stéarine commencera à fondre ; appliquez-la brusquement sur une autre allumette-bougie ; la stéarine se solidifiera en se refroidissant, et les deux allumettes se souderont l'une à l'autre. Voilà tout le secret de cette fabrication.

Dans notre Musée de cire, nous voyons d'abord défiler un général à cheval, suivi d'un lieutenant et de deux trompettes.

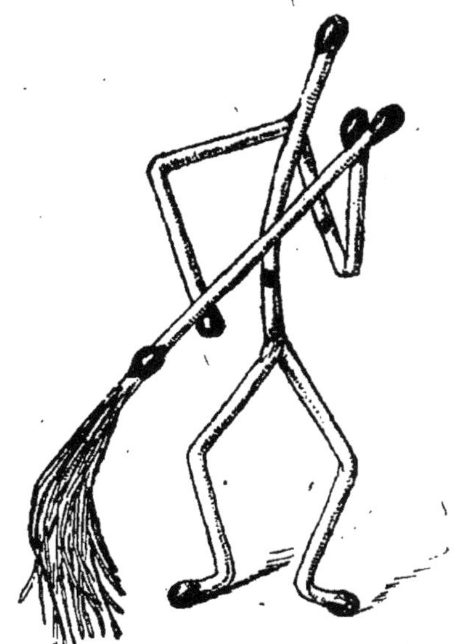

4. Le Balayeur.

Le plumet du lieutenant est une allumette froissée
dans les doigts de manière à faire tomber la stéarine et

5. Le Canotier.

à mettre à nu les brins de la mèche. Deux brins de
mèche servent d'attache pour les sabres du lieutenant

et des trompettes qui le suivent. Une allumette à la

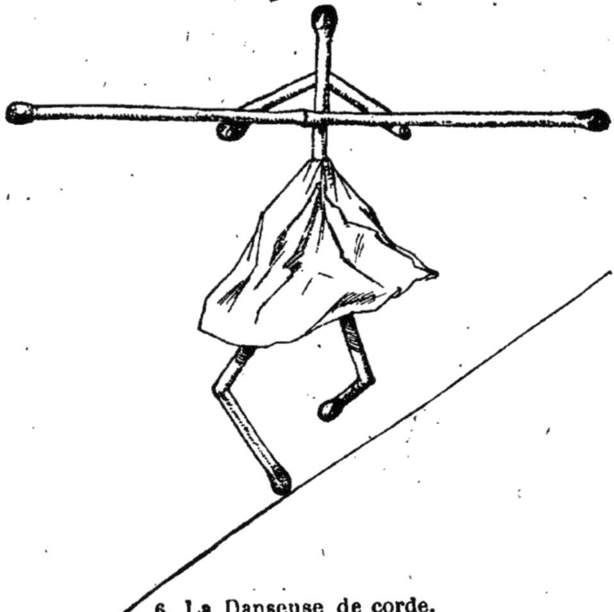

6. La Danseuse de corde.

mèche effilochée est le balai du balayeur. Une feuille de

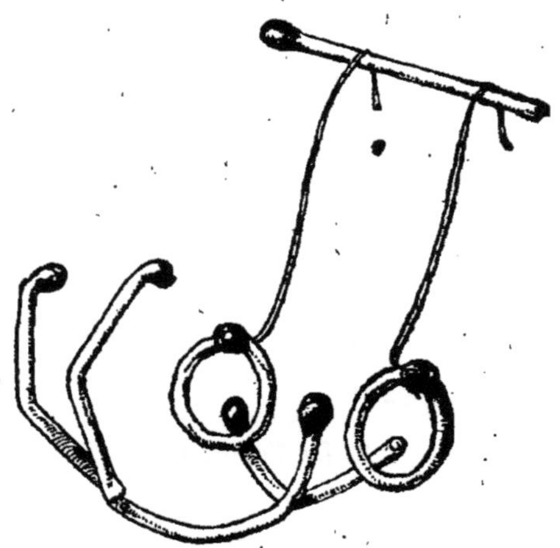

7. Le Gymnaste aux anneaux.

papier à cigarette, repliée convenablement, sera le bateau
du canotier. Une pareille feuille,
chiffonnée, sera la jupe de la
danseuse de corde. Vous admi-
rerez la souplesse du gymnaste
qui se balance aux anneaux,
ainsi que l'ardeur des deux
soldats qui se battent en duel
sous la surveillance du maître
d'armes, prêt à parer les mau-
vais coups. Motif de la rencontre ? Le parapluie de l'es-
couade, que vous voyez à leurs

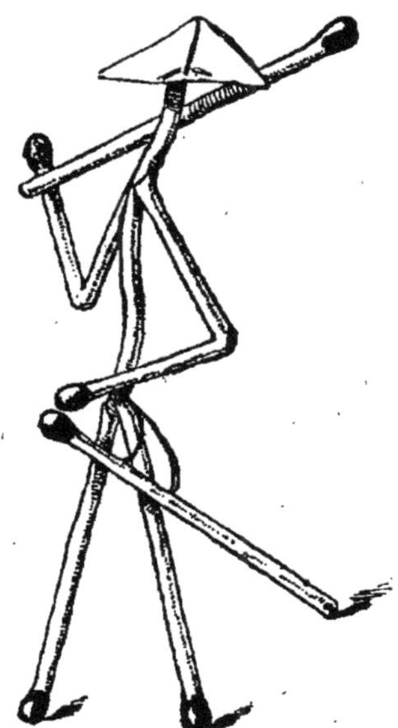

8. Le Maître d'armes.

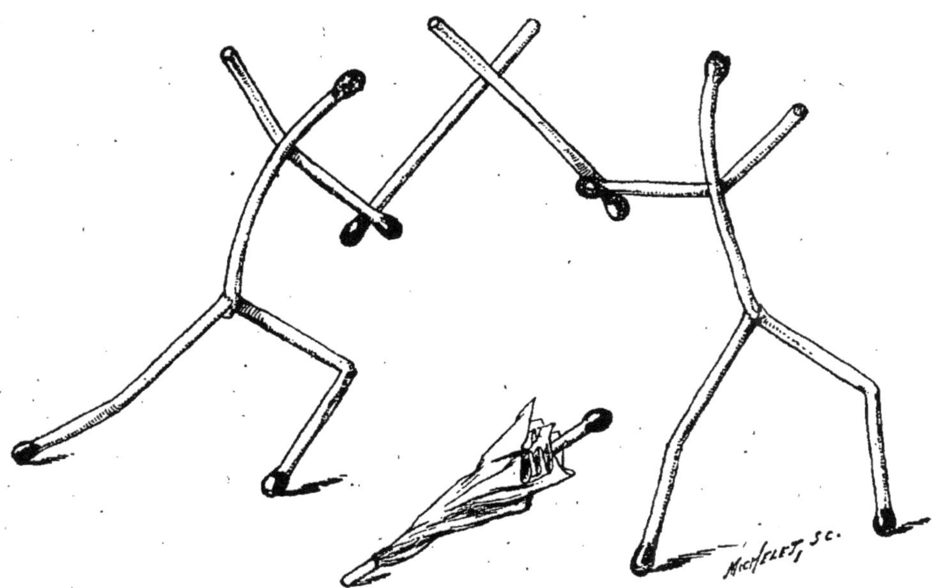

9. Le Duel militaire.

pieds. Ce parapluie est une allumette autour de
laquelle on a enroulé une feuille de papier à cigarettes. Enfin, comme tout Musée de cire ne va pas
sans quelque supplice, nous assistons à la fin d'un
criminel suspendu à la potence.

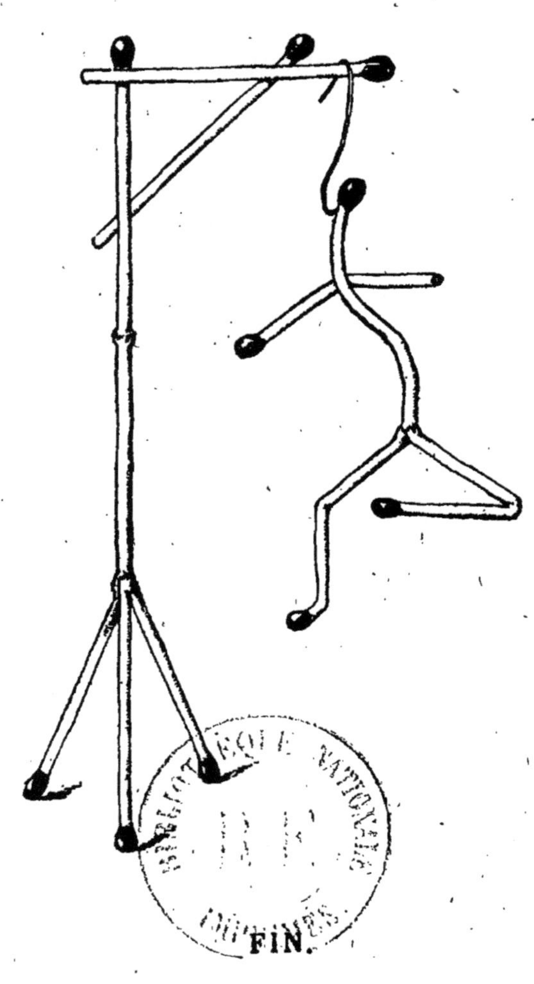

FIN.

TABLE DES MATIÈRES

PREMIÈRE PARTIE
Expériences de Physique.

I. — PESANTEUR.

CENTRE DE GRAVITÉ.

BALANCE.

DENSITÉ DES LIQUIDES.

PRESSION ATMOSPHÉRIQUE.

II. — FORCE CENTRIFUGE.

III. — CAPILLARITÉ.

TENSION SUPERFICIELLE DES LIQUIDES

IV. — ÉLASTICITÉ.

ÉLASTICITÉ DES SOLIDES.

VIII. — ÉLECTRICITÉ.

DEUXIÈME PARTIE

Mécanique.

I. — INERTIE.

II. — ENREGISTREMENT DES MOUVEMENTS.

III. — RÉACTION DES SOLIDES, DES LIQUIDES ET DES GAZ

IV. — LES MOUFLES.

TROISIÈME PARTIE

Les Bulles de Savon

I. — LAMES LIQUIDES.

II. — BULLES.

QUATRIÈME PARTIE

Géométrie amusante.

I. — TRACÉS.

II. — POLYGONES.

III. — LE CERCLE.

IV. — SOLIDES GÉOMÉTRIQUES.

V. — PROBLÈMES.

VI. — JEUX DE CASSE-TÊTE.

VII. — TOPOGRAPHIE, NIVELLEMENT

CINQUIÈME PARTIE

Variétés.

I. — RÉCRÉATIONS.

II. — PETITS TRAVAUX D'AMATEURS.

III. — FANTAISIE SUR LES ALLUMETTES-BOUGIES.

Paris. — Imp. LAROUSSE, rue Montparnasse, 17.

OUVRAGES POUR LA JEUNESSE

❀ ❀ ❀

Les Livres roses pour la jeunesse

Lectures variées et attrayantes pour les enfants de 6 à 13 ans : contes, légendes, récits de la vie moderne, etc., illustrées de nombreuses gravures dues au crayon de vrais artistes (depuis le n° 265, ces gravures sont tirées en couleurs). Le volume . . . . . **0 fr. 30**
(Demander la liste des volumes parus.)

L'Encyclopédie de la jeunesse

Tout le savoir humain mis à la portée des jeunes intelligences sous la forme la plus accessible, la plus nouvelle et la plus attrayante. *Six beaux volumes* de 720 pages, illustrés chacun de 900 gravures.
Chaque volume, relié toile amateur . . . . **26** francs
Les six volumes pris ensemble . . . . **150** francs
(Payable 15 francs par mois; au comptant, 5 %.)

Deux cents jouets

qu'on fait soi-même avec des plantes, par V. DELOSIÈRE. Indications pratiques pour faire une foule de jouets ingénieux avec des plantes. Joli volume illustré de 200 gravures et 4 planches en couleurs. **8** francs

Rabelais pour la jeunesse

Les amusantes aventures de Gargantua et de Pantagruel, mises à la portée de la jeunesse. Texte adapté par Marie BUTTS. *Trois jolis volumes* (*Gargantua*, 1 vol.; *Pantagruel*, 2 vol.), avec illustrations en noir et en couleurs. Chaque volume, couverture en couleurs . . **6 fr. 50**

Contes héroïques de douce France

Cinq jolis volumes, avec illustrations en noir et en couleurs :
Flore et Blanchefleur, texte adapté par Marie BUTTS . . . **6 fr. 50**
Roland le vaillant paladin, texte adapté par Marie BUTTS . **6 fr. 50**
Les Aventures de Huon de Bordeaux, texte adapté par
Marie BUTTS . . . . **6 fr. 50**
Les Infortunes d'Ogier le Danois, texte adapté par Marie
BUTTS . . . . **6 fr. 50**
Jeanne la bonne Lorraine, par J.-B. COISSAC . . . . **6 fr. 50**

··············◊··············

En vente chez tous les libraires
et LIBRAIRIE LAROUSSE, 13-17, rue Montparnasse, Paris (6e)
(Pour envoi franco, ajouter 10 %.)

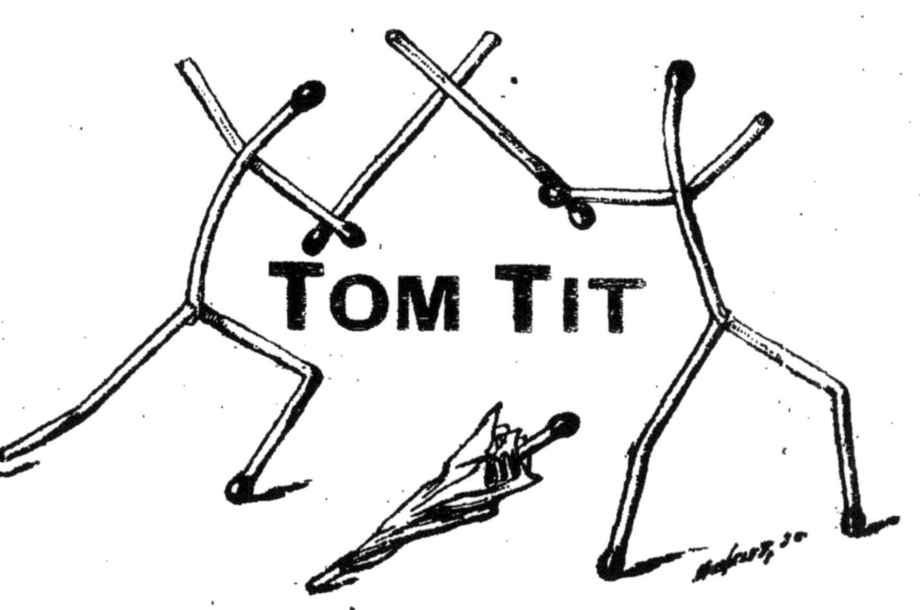

TOM TIT

www.ingramcontent.com/pod-product-compliance
Ingram Content Group UK Ltd.
Pitfield, Milton Keynes, MK11 3LW, UK
UKHW022010170726
13837UKWH00001B/105